抹新梢
疏蕾
人工授粉
疏果
套袋
摘心
采收
修剪

图说
果树整形修剪与栽培管理

[日] 三轮正幸 著

赵长民 苑克俊 侯玮青 译

机械工业出版社
CHINA MACHINE PRESS

本书使用方法

资料

科属名
果树依据植物分类学进行分类后，所隶属的科名与属名。

形态
分为落叶、常绿、藤本植物及高大乔木和低矮灌木几类。

树高
以成龄树的平均株高和放任其生长所达到的最高高度为记录标准。

耐寒气温
果树能够忍耐的最低气温，低于此温度，便出现枯萎或死亡。

土壤 pH
适于果树生长发育的土壤酸碱度。

花芽
分为纯花芽和混合花芽两种类型，参见P22~23。

隔年结果
头年结很多果实，下一年几乎不结果，如此反复，用“隔年结果”来表示。隔年结果的果树要通过疏果操作来防止。

授粉树
栽植果树时需要不需要配置授粉树，有的因品种而异。

不需要

需要

难易度
从病虫害发生的程度、果树栽培及管理的难易来判断其防治的难易。

容易
一般
难

果树名

果树的名称、总称。

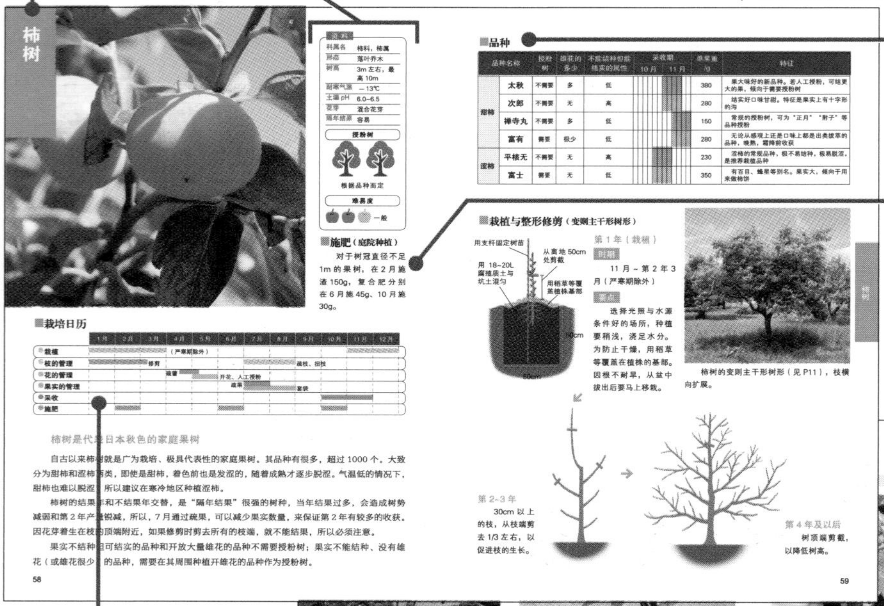

品种

介绍该果树受欢迎的品种及常规品种。一般提供每种果树的收获期等信息。

施肥

指树冠直径不到1m时果树的肥料施用量。直径2m的，施肥量为其4倍，直径3m的，为其9倍（见P26）。

栽培管理日历

各栽培管理时期的目标，不同的地区，多少有些变化。本书是以日本关东平原地区为例进行介绍，仅供参考。

备注：此页配备的插图和一些小文字，是文中的P58、P64。

提升作业

介绍促进枝叶生长发育、提高果实品质、提高产量方面难度较高的操作。

栽培专栏

有关栽培的要点、收获后或盆栽等方面的说明。

目 录

本书使用方法

Part 1 果树栽培基础知识

果树栽培的流程

果树栽培管理周期 —— 6

栽植基础知识

选择果树的要点 —— 8
栽植 —— 10
整形修剪 —— 11

花、果实的管理

疏蕾 —— 12
人工授粉 —— 13
疏果 —— 14
套袋 —— 15
采收 —— 15

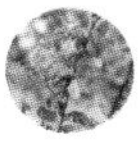

枝条管理

抹新梢、疏枝 —— 16
扭枝 —— 16
摘心 —— 17
引缚 —— 17
修剪 —— 18
步骤 1 控制树体大小 —— 19
步骤 2 剪除不需要的枝 —— 20
步骤 3 留下的枝再短截 —— 21
花芽的着生方式 —— 22

日常管理

病虫害的预防和防治措施 —— 24
肥料 —— 26
盆栽的管理 —— 27
果树栽培日历一览表 —— 28

Part 2 果树种植方法

无花果 —— 30

梅 —— 38

橄榄 —— 50

柿树 —— 58

柑橘类 —— 70

猕猴桃 —— 82

板栗 —— 94

樱桃 —— 100

东亚唐棣 —— 108

李子 —— 114

梨 —— 120

枇杷 —— 128

费约果 —— 136

葡萄 —— 142

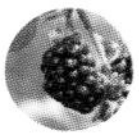
黑莓、木莓 —— 154

蓝莓 —— 160

桃 —— 170

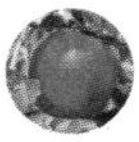
苹果 —— 180

果树栽培用语 —— 190

Part 1

果树栽培基础知识

在开始栽培果树之前，请仔细阅读相关的基础知识。

提前了解栽培流程和作业要点，有利于学习和掌握各种果树的栽培方法。

果树栽培管理周期

在本页，请粗略掌握果树的管理操作流程。

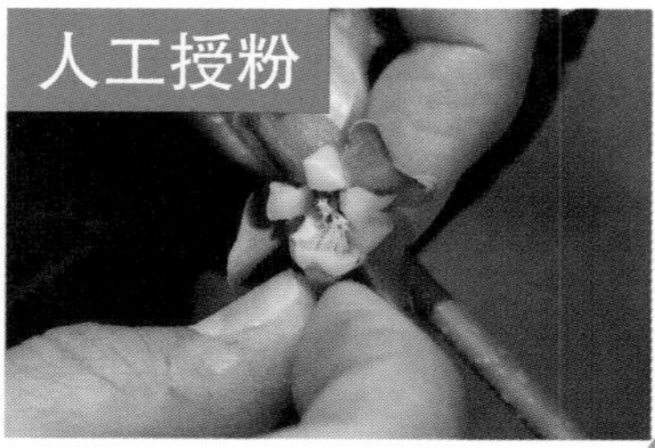

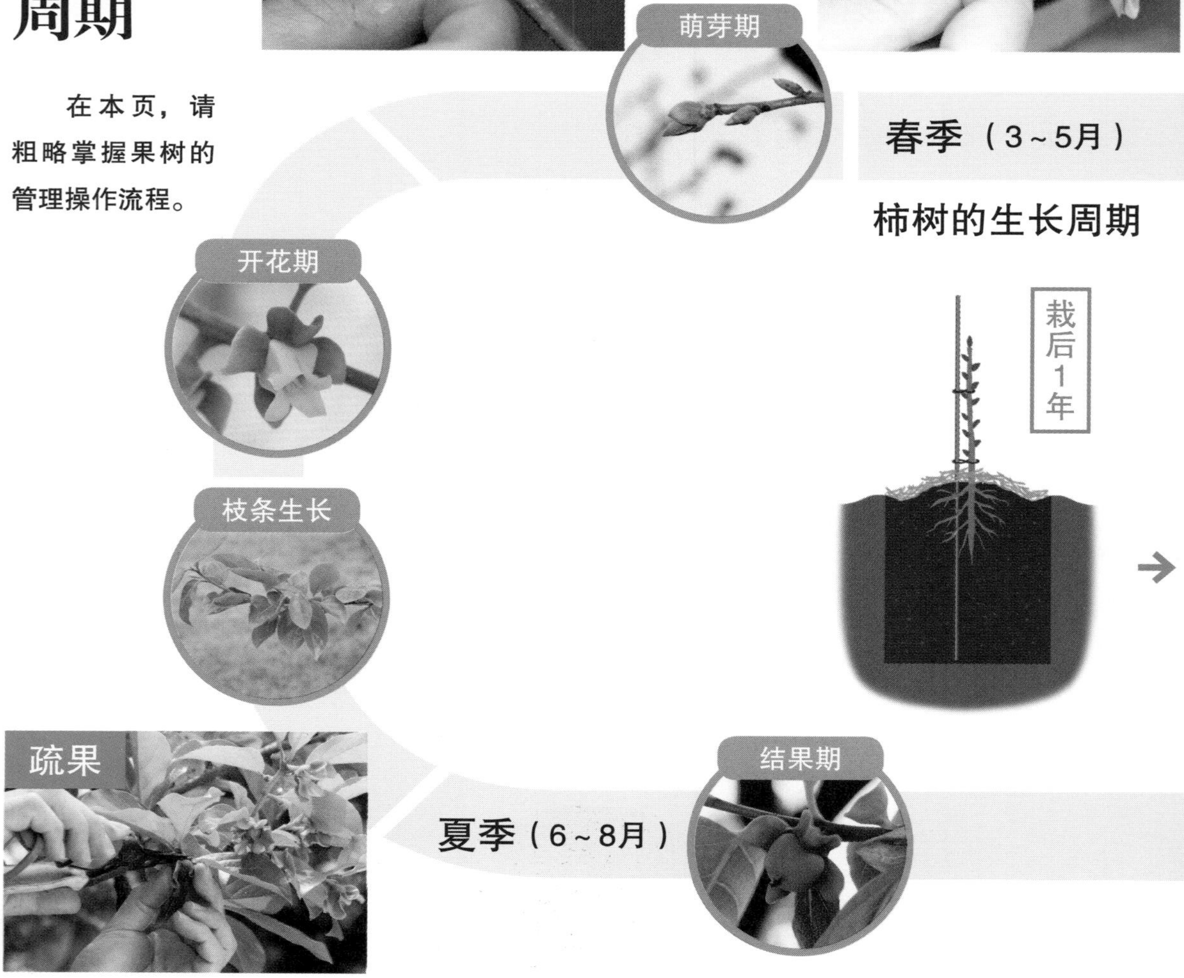

果树的培育

果树栽培的乐趣不仅在于能获得新鲜、成熟的果实，品尝在超市不易买到的珍贵品种，而且能给家庭带来共享食物的喜悦。

另外，果树作为庭院树木也具有优势。春天绽放的花、夏天新绿的叶、秋天着色的果实、冬天多彩的落叶，贯穿四季，都能给人带来无与伦比的感官快乐和享受。

但是，种植果树与种植蔬菜、花草相比，似乎给人以门槛更高的感觉。确实，就果树栽培管理来说，每年都有收获较为困难。但如果掌握了要点，不论是庭院种植还是盆栽，都会享受到收获的快乐。请尝试一下吧！

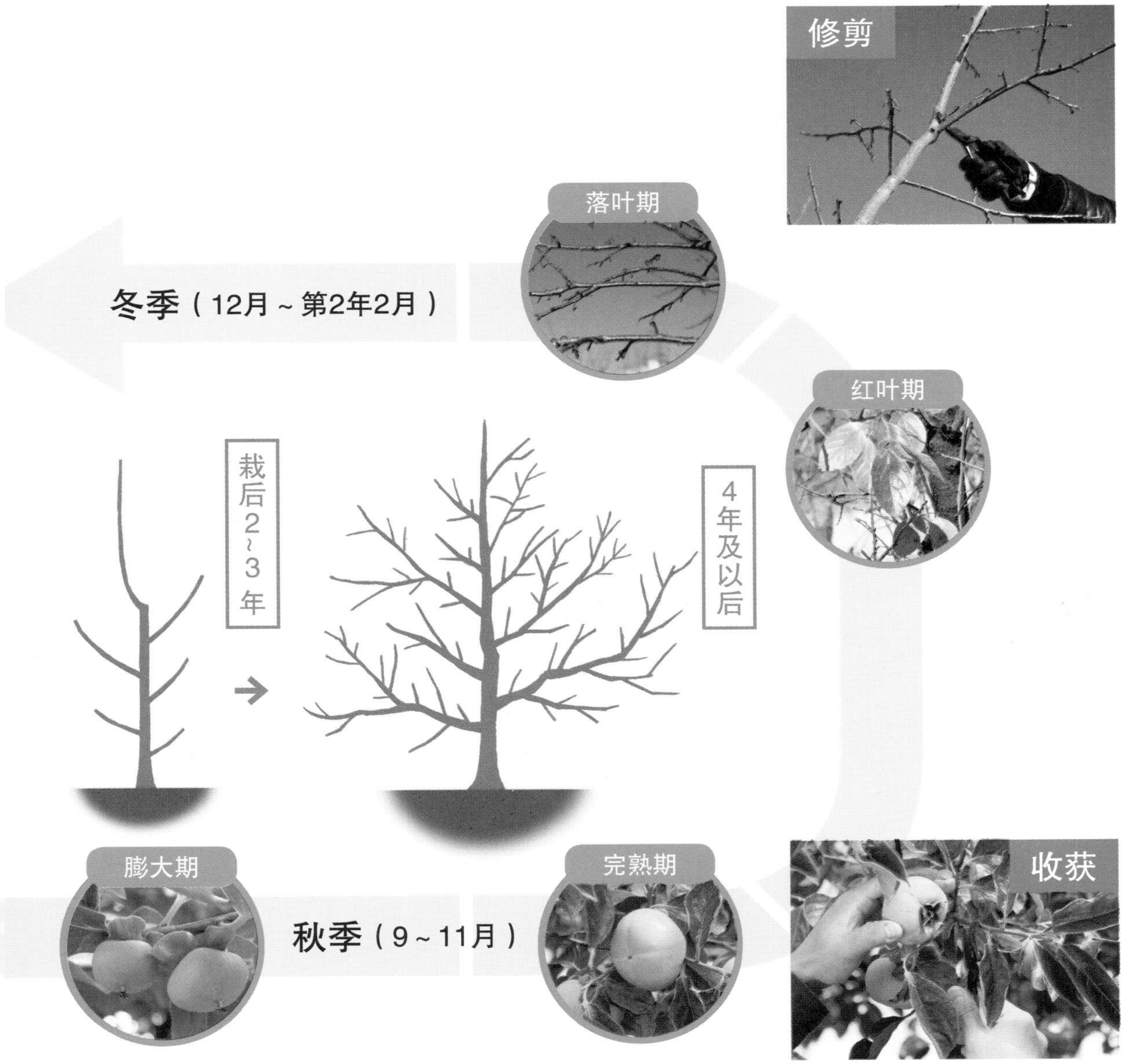

果树的生长不是直线型，而是圆形的循环型

一岁一枯荣的蔬菜和花草，每年都要进行播种或育苗移栽。与之不同，果树是多年生长、多年结果的木本或草本植物，虽然苗木只栽种一次，但同一株树要培育多年。蔬菜和花草从种植到枯萎，其生长期呈直线型，但果树生长并非直线型，而是如上图呈圆形的循环型，即在每年特定的时期要进行同一工作，像修剪，只需要根据当年果树的生长状况，稍微调整操作内容即可。此外，当年进行的工作，有时会影响到第 2 年或以后的生长，比如，即使果树生长不良，也不会像蔬菜那样枯死而需重新种植。因此，果树栽培虽然较为困难，但也有较多的妙趣。

像上图那样的疏蕾和人工授粉操作，多为一步一步地操作，只要认真仔细，最终可以收获恰似农家出售的美味诱人的果实。但是，若在庭院种植花费太大的工夫，这不是人们种植的本意。因此，本书中果树种植方法（P29~189）选取适用于庭院种植的、便于操作的来加以叙述。

选择果树的要点

在果树栽植时，常遇到这样的问题："果树怎么不结果""移栽后马上枯萎了""树长得太大了不知怎么办好"等。为避免这样的问题发生，就需要选择与生长条件相适宜的果树，而在选择前，需要先了解与果树相关的 5 个要点。

1 要不要授粉树？

柑橘类及葡萄等，即便只种植一株（一个品种），只要开花就能收获。像猕猴桃和苹果等，如果自身的（同品种的）花粉不能受精，情况就会变得很糟糕，因此必须种植作为授粉树的其他品种。基本的原则是，在只能种植一株的情况下，选择不需要授粉树的品种。还要注意的是，授粉树的有无还因品种而异。

需要授粉树

猕猴桃的花

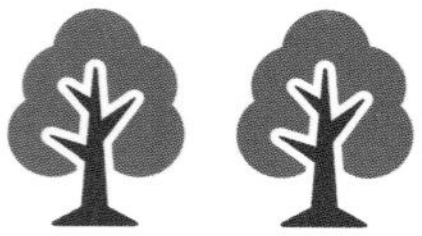

雌、雄花分别开放

例：猕猴桃、柿树（具体见 P58）

梅的花

自身（同品种）的花粉不能授粉

例：梅、橄榄、板栗、樱桃、李子、梨、费约果、蓝莓、苹果

不需要授粉树

柑橘类（柠檬）的花

只要有一株树就可以

例：无花果、柿树、柑橘类、东亚唐棣、枇杷、葡萄、黑莓、木莓、桃

2 耐寒性

在气温、光照、通风等环境因素中，冬季的寒冷程度是最应该注意的。在寒冷地区，因寒冷而造成树木枯死的情况并不少见，因此必须选择耐寒的树种。如果想种植果树的耐寒温度高于当地的最低气温，最好采用盆栽，以便在冬季移到室内。

冷害后枯萎的柠檬叶。

各种果树的耐寒气温

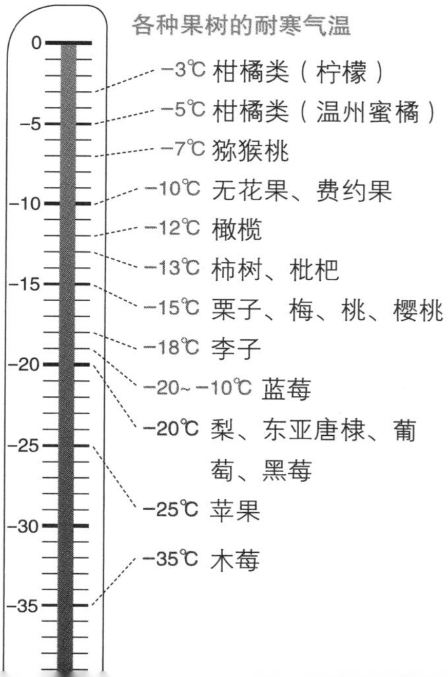

3 果树的类型

果树大体上分为冬季落叶的落叶果树和不落叶的常绿果树。此外，根据树的大小分为乔木果树和灌木果树，还有枝条边生长边缠绕的藤本果树。要根据移栽后果树未来的生长姿态来选择树种。

落叶果树

在炎热的夏天遮挡阳光，在寒冷的冬天使阳光通透，以耐寒性强的果树为多。

常绿果树

因常年绿色，常作为植物围墙树，以耐寒性弱的果树为多。

乔木果树

如果放任其生长，株高可达到 3m 以上，产量也高，常成为庭院的象征。

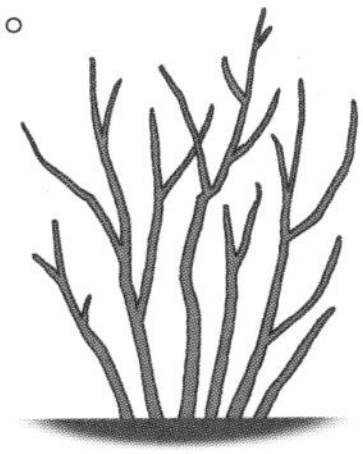

灌木果树

果树株高生长到 1.5m 左右就开始结果，常通过修剪等管理来促进其生长。

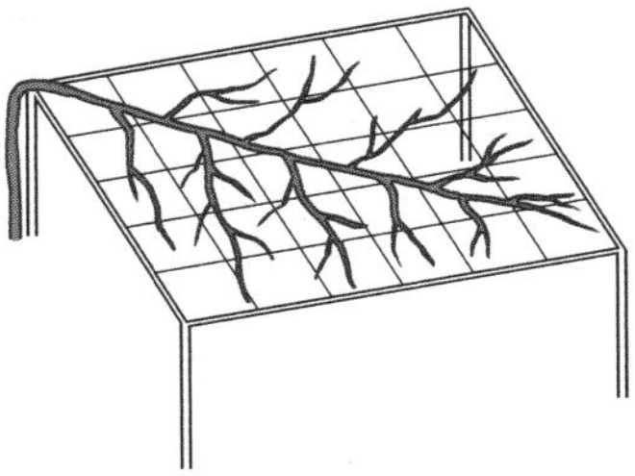

藤本果树

需要搭棚或扎栅栏，使藤蔓样的枝条顺其生长。

4 苗木的大小及种类

因为果树是多年生的，购入苗木的树龄也是各种各样。1~2 年生的苗木，枝条一根独立，也称为棒苗，其价格便宜、流通量大、容易买到。生长 3 年以上和有几个分枝的苗木称为大苗。大苗从种植到开始结果的时间短，是生长发育好的、反映其未来实际树形的苗木，主要由庭院栽植的、盆栽的棒苗培育成大苗。

5 优良苗木的识别方法

家庭用的苗木可从园艺店或苗木中心购买。最好自己能鉴别苗木的真伪和质量好坏。鉴别的要点有以下几点：

优良苗木的特征

- **不要光看果树名称，还要搞清品种名称。**
- **是嫁接苗（主干上有瘤状接缝）*。**
- **没有病虫害。**
- **主干健壮。**
- **如果是落叶果树苗，枝上要长有许多饱满芽。**
- **如果是常绿果树苗，以叶多者为好。**

* 梅、柿树、柑橘类、板栗、樱桃、李子、梨、枇杷、葡萄、桃、苹果等都采用嫁接苗木。嫁接苗木具有耐旱、耐寒和抗病等优点。

栽植

所有的果树，既可以庭院种植，也可以盆栽。是采取庭院种植还是盆栽，要根据各自的优缺点，参考右侧的各种果树最适宜的栽植期，选择与其生长习性相符合的方式。根据果树的需要可在附近栽种授粉树。

栽植果树的最适时期

落叶果树 11 月～第 2 年 3 月中旬（严寒期除外）

常绿果树 2 月中旬～3 月

庭院栽植的优缺点

优点	缺点
○ 收获量大	✕ 栽后很长时间才开始结果
○ 基本不需要浇水	✕ 长得过大
○ 不用再移植	✕ 难以抵御严寒

庭院栽植的方法

❶ 挖一个直径、深度都为 50cm 的树坑，在挖出的土中掺入腐殖质土 18~20L，混匀。

❷ 树坑底部回填土，至苗木根颈部基本与地面同一高度时，将树苗放入坑中央，填土栽植。

❸ 将苗木截成 30~80cm 高度（因果树的不同而异），用支撑杆固定，浇水，栽植完成。

盆栽的优缺点

优点	缺点
○ 栽后很快开始结果	✕ 收获量少
○ 树体小	✕ 需要经常浇水
○ 即使是耐寒性弱的树种也能种植	✕ 需要 2~3 年换一次盆

盆栽的方法

❶ 将苗木从盆中拔出，使根轻轻地松散开，太粗的根剪去 3~5cm。

❷ 在盆的底部铺 3~5cm 深的碎石块，再填入栽培土 5~6cm 深，将树苗放入盆中心，填土栽植。

❸ 盆沿离土表 3cm，有利于存水。若为嫁接苗木注意不要将瘤状嫁接部位埋入土中，必要时用枝条固定，浇水，栽植完成。将盆栽果树放置到适宜的地方。

整形修剪

苗木移栽后，对生长枝进行修剪，使树形成一定的形状，树形因果树的不同而异。

变则主干形

栽植后数年，果树像圣诞树那样纵向生长，若要控制高度，把顶端剪去，可使其变低。

柿子、樱桃、枇杷、费约果、苹果等

自然开心形

在距离主干根部 1m 之内，生长有作为果树骨架的主枝 2~4 个，避免果树过高而使枝呈开放性分布。

梅、橄榄、柑橘类、板栗、李子、梨、桃

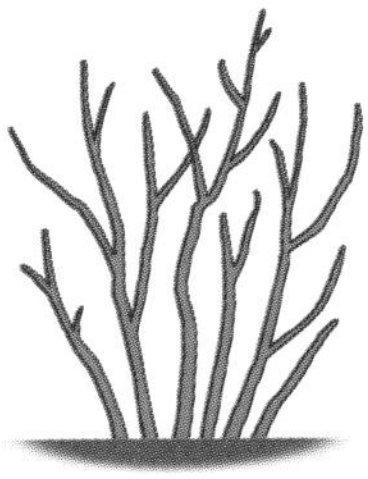

从生形

从植株根部长出若干枝条，呈笤帚状分布。若枝变老，再从根部发出新蘖更新。

东亚唐棣、黑莓、蓝莓

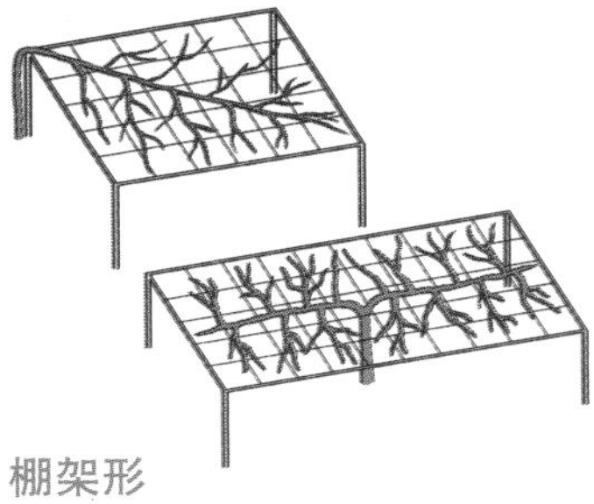

棚架形

主要在缠绕性果树上使用，使枝在棚上水平分布。根据苗木种植的位置，又分为单头型（上图）和一字形（右图）。

猕猴桃、葡萄等

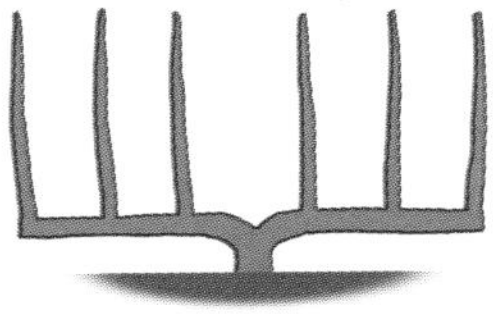

一字形

作为骨架的枝（主枝）呈横一字形分布，因此，结果枝垂直向上生长。修剪时，垂直生长的枝留 1~2 节，其他的剪去。

无花果

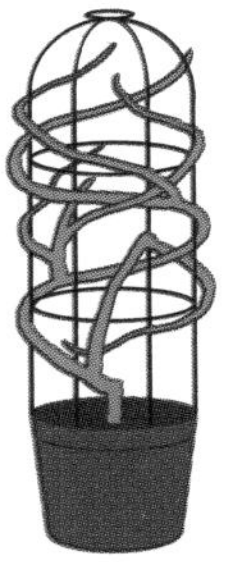

方尖碑形
（塔形）

盆栽使用的方式。把枝以螺旋状固定在搭好的支柱上。因为果树的枝太粗，常用结实的材料搭成方尖碑形支架。

猕猴桃、葡萄、黑莓、木莓等

枝的种类

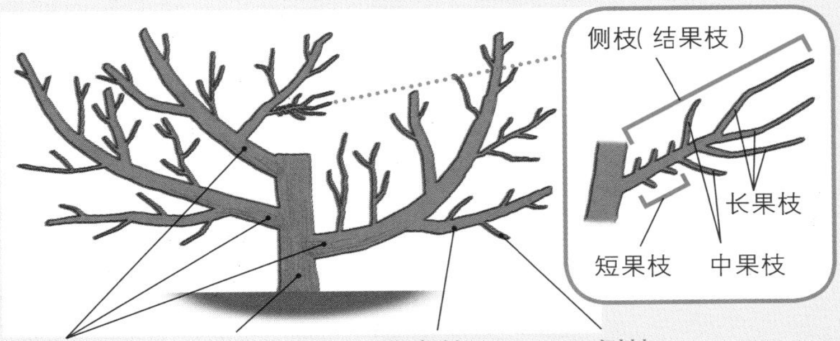

主枝

从主干上长出的枝，构成树的骨架。

主干

从植株根部长出的粗壮的中心干。

亚主枝

从主枝上长出的粗壮枝干，也是树的骨干。

侧枝

从主枝或侧枝上长出的末端枝的总称。

结果枝

侧枝的一部分，着生花和果实的枝。根据枝的长度分为长果枝（30cm 以上）、中果枝（10~20cm）、短果枝（15cm 以下）。

发育枝

侧枝的一部分，不开花或不结果的枝。通过合适的修剪，第 2 年可生长成结果枝。

疏蕾

顾名思义就是疏除花蕾，通常在结果不多的情况下，也会将小的果实疏掉（疏果），但在更早的蕾期疏除花蕾，能够减少树体养分消耗，提高果实品质和产量，对枇杷、猕猴桃花蕾很多的果树，疏蕾后有很好的增产提质效果。

疏蕾方法①

枇杷的一个花序有 100 多个蕾，似楼房房间一样层叠在一起，如果让所有的花蕾都开花、结果，会消耗掉大量养分，显著降低果实的大小和品质。所以在开花前就应疏掉绝大多数花蕾，每个花序只保留 2~3 个蕾。

疏蕾方法②

❶ 猕猴桃的疏蕾。猕猴桃的一个花序有 3 个蕾。

❷ 将中间的一个留下，两侧的疏除，用手捏住要去除的蕾，旋转拧下。

❸ 疏蕾后，也要在结果期进一步疏果。

花的构造与性别

两性花

一朵花中具有雌蕊和雄蕊，易于授粉。但是，即使有雌、雄花蕊，如果靠自己（同品种）的花粉不能完成受精，也会造成不能结实的后果，所以必须要注意。如梅、苹果。

雌雄同株、雌雄异株

有雌花、雄花的区别，雌花、雄花在同一植株上分别开放，叫雌雄同株（如无花果等），在不同株上分别开放叫雌雄异株（如猕猴桃等）。

猕猴桃的雌花

猕猴桃的雄花

花的构造

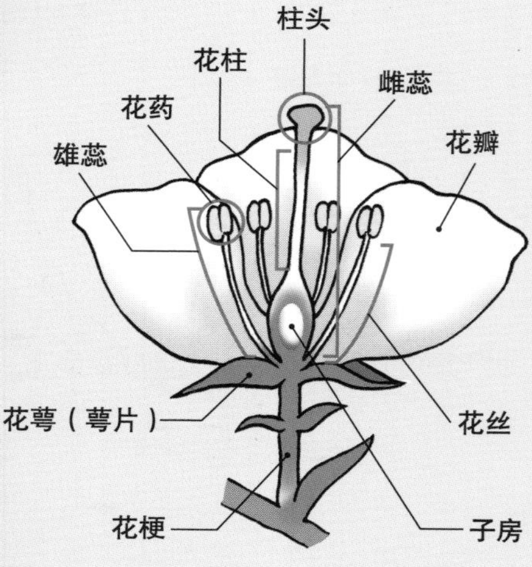

人工授粉

果树依靠风或昆虫的帮助，将花粉运送并附着在雌蕊的柱头上叫授粉（受精），只有在授粉的情况下才能结果。但是靠昆虫传粉的果树，由于天气等情况影响昆虫活动，有时会因授粉不良而不能结果。为了确保达到好的授粉效果，常依靠人力来帮助授粉，这叫人工授粉。

虫媒花

靠蜜蜂等昆虫来传播花粉。例如：桃（下图）、苹果、梨等。

风媒花

花粉很轻，随风可飞到1km以外的地方。例如：板栗（下图）、橄榄。

方法①：直接蹭花

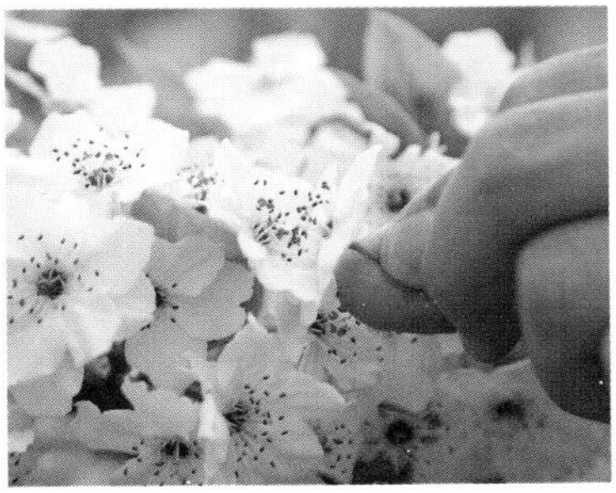

摘下花朵，用雄蕊的先端擦蹭另一花朵雌蕊的柱头。

方法②：毛笔涂粉

用干燥的毛笔头蘸取雄蕊的花粉，涂于雌蕊的柱头上。

方法③：指甲涂粉

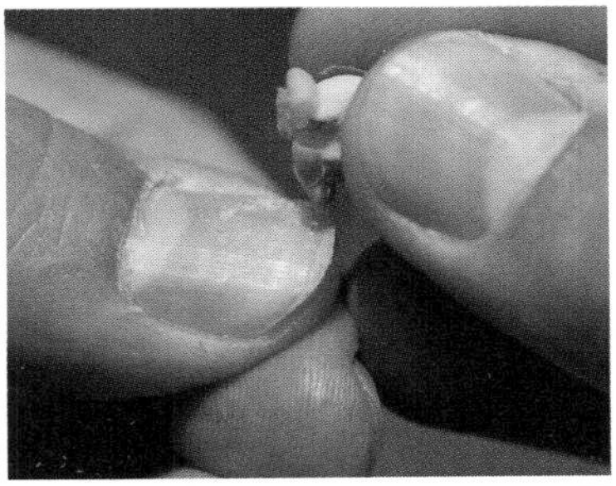

轻揉花蕊，使花粉散落到指甲上，将指甲上的花粉涂抹于雌蕊的柱头上。

采集大量花粉的方法

对于大树的人工授粉，与上述方法①～③有所不同的是：事先集中采集大量花粉。即在开花后不久，摘取大量雄花（或两性花），取下花药放到白纸上，室温下放置12h，待花药打开散出花粉后，将其装入小瓶内，用干燥的毛笔蘸取再进行授粉。

❶ 摘取花朵，用镊子将花药散落在白纸上。

❷ 室温下放置12h，花粉从花药中散出后将其装入玻璃小瓶内，用干燥的毛笔蘸取再进行授粉。

疏果

所谓疏果就是疏除幼果期的果实。减少了果实的数量，就减少了果实间养分的消耗，引导果实向个大、味美的方向生长。另外，疏果减轻了果树的负担，确保了第 2 年的结果数量。疏果以叶果比作为指标，即一个果实的生长所必需的叶片数量，因果树的不同而异。粗略地数数树上及枝上的叶片数，来确定保留果实的数量。

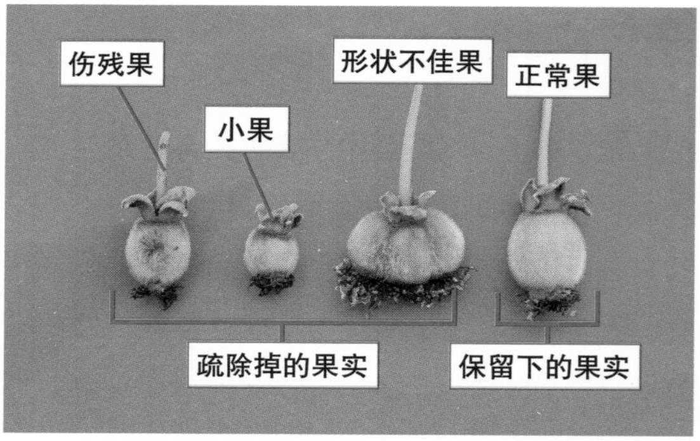

优先疏除的果实（猕猴桃）

上图自右向左 正常果、形状不佳果、小果、伤残果。留下正常的果实，将形状不好的果实疏除。

❶ 猕猴桃的疏果。如果不疏蕾，1 个花序可结 3 个果实。

❷ 首先，保证 1 个花序只留 1 个果实，留下大的、长势好的果实。

❸ 相邻的 4 个叶腋处有 4 个果实，还是有点多。

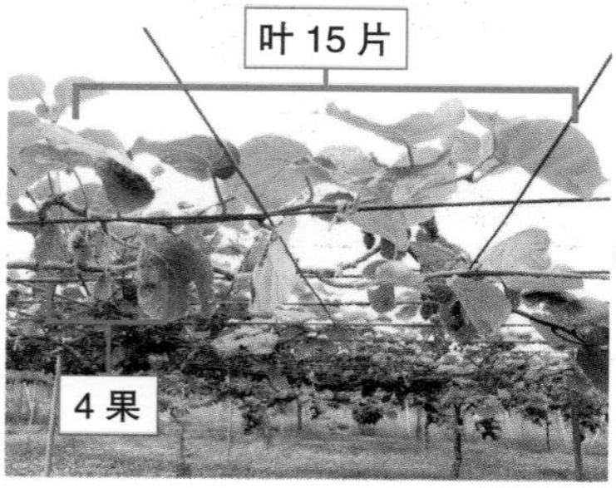

❹ 如上图所示，这条枝上长有 15 片叶。

❺ 叶果比是每个果需有 5 片叶，所以应疏去 1 个果。

❻ 摘果后每个果相当于有 5 片叶，所以 15 片叶供 3 个果实。

叶果比指标

果树名称	叶片数
橄榄	8 片
柿树	25 片
柑橘类	25 片

果树名称	叶片数
猕猴桃	5 片
李子	16 片
梨	25 片

果树名称	叶片数
枇杷	25 片
桃	30 片
苹果	50 片

套袋

为了防止果实受伤或被病虫、鸟类等侵害，在疏果之后应给果实套上果袋，这是有效的防护措施。袋口附带有细铁丝，可将袋子牢牢地固定在果柄上。果袋有不同的尺寸，可根据栽种果树的果实大小来选择合适的果袋。

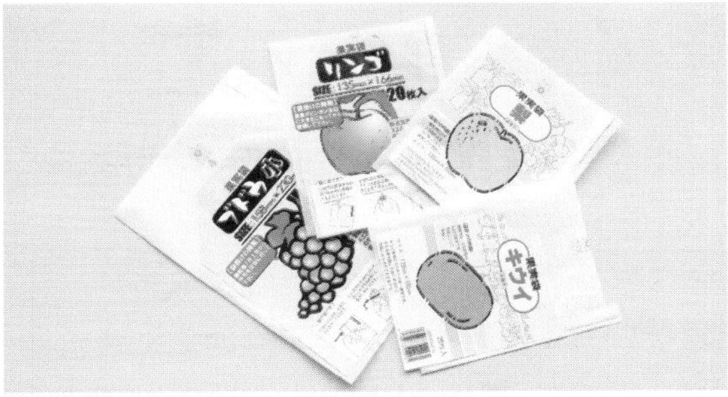

果袋

在园艺店等处可以买到。如果没有所栽培果树的专用袋，请选择相近的（上图仅供参考）。

❶ 给疏果后的苹果套上果袋。根据果实的大小选择合适的果袋。果袋上附带有铁丝。

❷ 为防止雨水、害虫等的入侵，用果袋上附带的铁丝将袋口牢牢地扎紧并固定。

采收

根据果实的颜色、硬度、香味等来判断采收时间。从外观难以做出判断的果实及品种，可在采收时期通过品尝来判断。采收的方法是用手托住果实，使用剪刀等工具将其剪下。需要注意的是不要让果实受伤，因为受伤的果实不易保存。

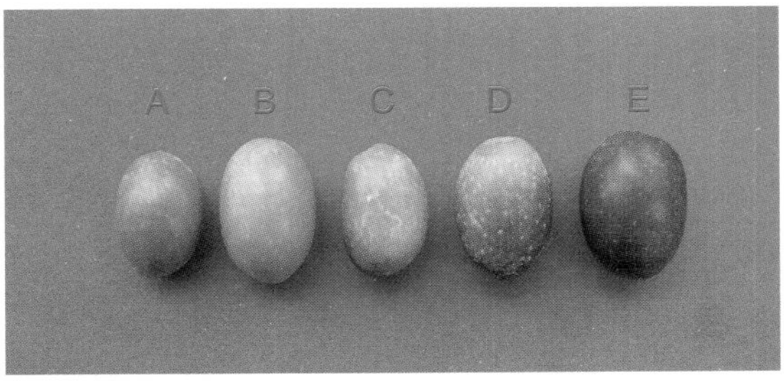

采收时间

上图为橄榄的果实。A 未熟，B~E 可以采收。颜色深的 E 是完全成熟果实，无论从色泽还是风味上都是最佳的。可根据用途，按照果实着色情况进行采收。

❶ 根据果实着色的情况来判断成熟度，手托果实进行摘取。

❷ 果实上如果带有果梗，易划伤其他果实，需用剪刀将其剪去。

抹新梢、疏枝

单靠冬季修剪来调整枝的数量是不够的，因此，在春夏之季也要进行疏枝，为了与其他剪枝相区别，一般将刚开始抽的新发枝剪除称为抹新梢。通过疏枝，能改善树冠光照与通风，预防病虫害发生，促进枝叶生长茂盛及果实着色成熟。

疏枝

过密枝要从枝的基部剪去，以保证光照和通风良好，叶片尽可能地铺展而不重叠。

抹新梢

新抽的枝梢可用手或剪刀抹除。同一处发出多个枝的，应先剪去直立、长势旺的枝条。

扭枝

在绿色的幼枝中，有的直立向上生长，需要将其拧转弯曲，使其横向生长，这称为扭技。除了使其第二年成为结果枝而被利用外，还有阻止其夏季徒长、易于形成花芽的作用。扭枝不是简单地使枝向水平方向弯曲，要重点注意扭转的操作。

❶ 两手抓住枝条，一只手支撑在枝条的基部不使其折断。

❷ 另一只手使枝条弯曲并扭转。要一边压一边扭转。

❸ 放开枝条，枝条向想要的方向弯倒，就算成功了。

摘心

所谓摘心，就是为了抑制枝条延长生长，将枝的顶芽打掉的操作。摘心有助于枝条增粗和养分累积，有利于花芽分化和形成，改善周围枝条的光照与通风。顶端剪去的长短因果树而异。

❶ 在枝条还未伸长时摘心有效。

❷ 用手摘去枝条的顶端部分。

❸ 摘心后的枝条营养充实，有助于花芽形成。

引缚

把枝条用支柱固定，诱导其顺着一定的方向生长的方法叫引缚。苗木在移栽后的 3 年内都要固定。缠绕性的果树即使是成龄树，其枝的生长也要逐渐在所搭的棚架上固定。不只是幼枝，把移栽和修剪后的褐色木质化枝条进行固定，也称为引缚。主要使用绳子绑扎后进行固定。

❶ 引缚伸长的枝条平衡地分布在棚顶。需要注意的是刚刚长出的嫩枝容易被折断。

❷ 把棚架与枝用绳子以 8 字形绑扎法松松地固定。

❸ 缠绕性果树的引缚应随着枝条的不断生长而逐步进行。

修剪

所谓修剪就是剪去一些枝条，将树体修整成一定的形状。修剪的主要目的如下：

① 控制树的生长范围，使树体平衡生长。

② 更新结果枝，使其容易结果。

③ 改善树冠光照和通风。

④ 去除枯枝及病虫枝。

很多人担心如果没有修剪经验，剪坏了导致死树怎么办？虽然果树修剪技术性强，但稍稍失败也不会造成死树，不妨无所畏惧地尝试一下。不管是哪一种果树，按下面 1~3 的修剪步骤进行操作就可以。每种果树请参见后面介绍的修剪页，上面有果树对应的适期修剪的要点。

修剪的最适时间

＊详细时间请参见每种果树的修剪部分

落叶果树 12 月 ~ 第 2 年 2 月　**常绿果树** 2 月中旬 ~ 3 月

修剪步骤

步骤 1

控制树体大小

（见 P19）

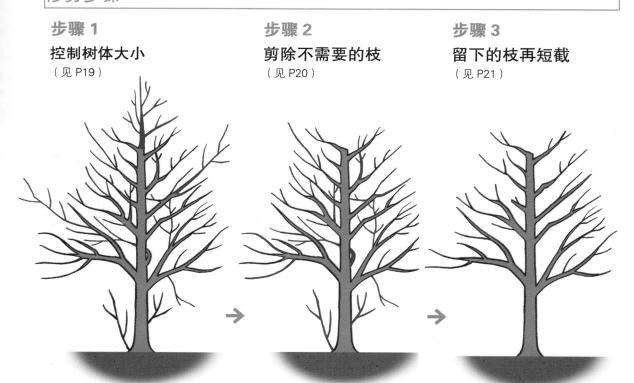

首先，为了控制树体的高度和树冠的宽度，剪掉一部分枝，使整个树体缩小。

步骤 2

剪除不需要的枝

（见 P20）

其次，为了改善光照与通风条件，也为了枝条更新复壮，剪除不需要的枝条（从枝的基部剪去）。

步骤 3

留下的枝再短截

（见 P21）

最后，经步骤 1~2 后，将保留的树枝中较长的适当地短截，剪成中等长短的枝。

步骤 1

控制树体大小

修剪首先从大枝开始。树的生长是纵向长高和横向扩展的过程，因此需要逐步进行控制。疏枝不是在枝的中部剪，而是从分枝处完全剪掉。如柿树和枇杷等，树形是变则主干形（见 P11），采取的措施是将主干的顶端剪掉很大一部分。对于移栽后 3 年内的幼树，没有必要进行此操作。

树在不断地长高长宽，首先要控制树体大小。

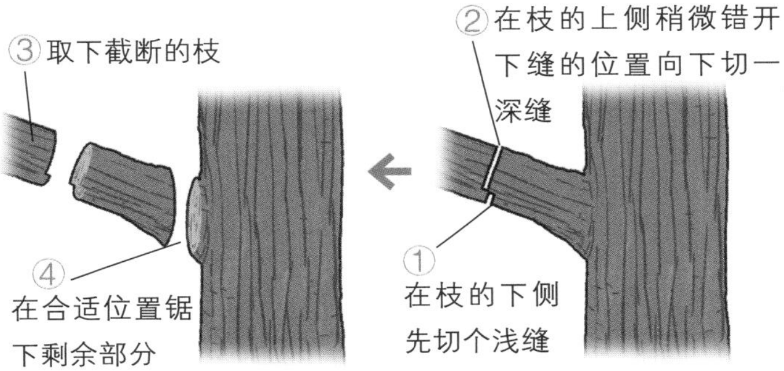

粗大枝不要一次性截断

在剪截粗枝时，若一次性截断，枝的重量会使枝劈裂，树因此受伤。所以即使麻烦，也要在稍远的位置剪截，待枝变轻后，再在合适的位置剪截。

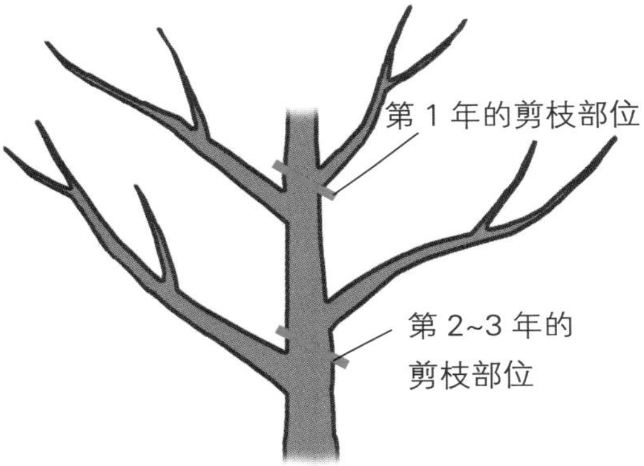

制订 2~3 年内的修剪计划

若第 1 年修剪太重，树高突然降低，会在第 2 年发出大量粗壮枝条而难以应对，因此，剪枝要有 2~3 年的计划，使树高逐步下降。

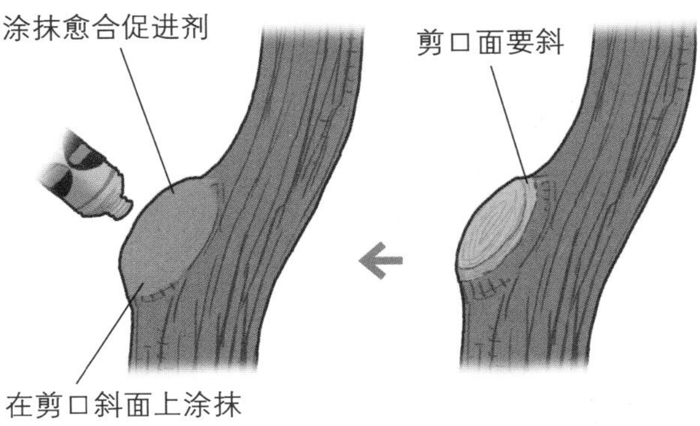

涂抹愈合促进剂

当剪口直径在 2cm 以上时，为使剪口尽快愈合，在斜剪面上，抹市售的愈合促进剂。如果不好买，以木工用的黏合剂替代也可以。步骤 2~3 中的剪口也同样要涂抹。

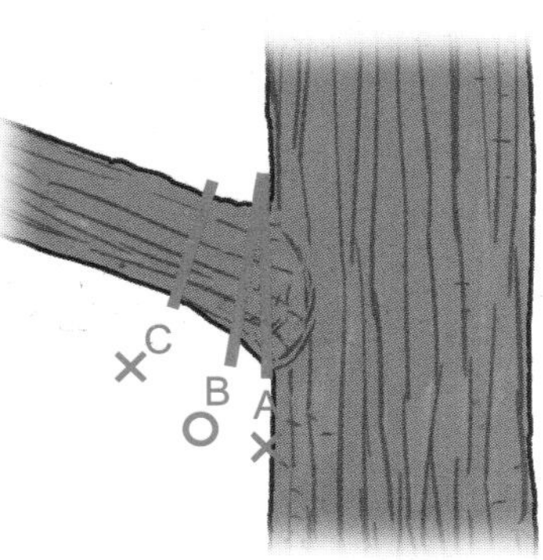

在正确的位置剪截

在 A 处剪截剪口太大。C 处剪截，残留的部分枯萎。B 为合适的剪截位置。

步骤 2

剪除不需要的枝

如右图，剪除不需要的枝，可以改善通风透光条件，促进新枝的伸长。与步骤 1 一样，修剪时不要造成枝的劈裂、选取正确的位置是操作要点。请注意剪去的老枝与发出的新枝之间的关系。

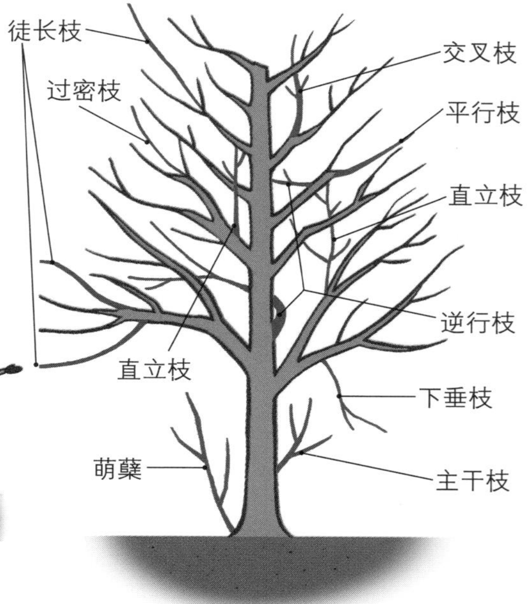

尽量地以新枝更替老枝

要想从作为树骨架的粗枝（主枝、亚主枝）上长出如 a 的枝条，请在 A 处剪截。如果在 B 处剪截，在靠近剪口的位置会长出 b 枝条。

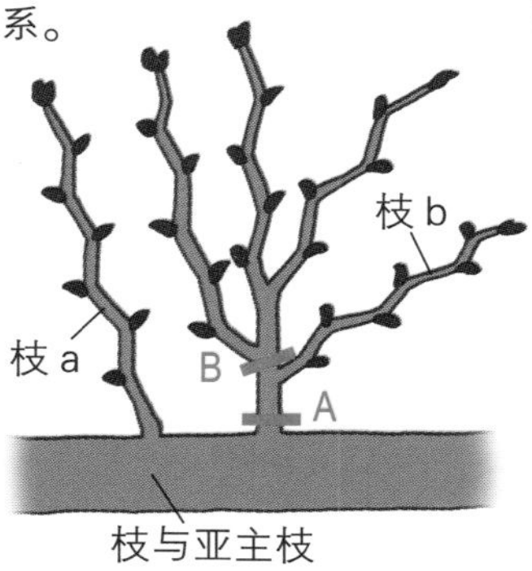

不需要的枝

徒长枝： 长势强、生长快的枝，不易成花。

直立枝： 直立地向上生长的枝。

过密枝： 分枝多、枝与枝间隔近的枝。

平行枝： 沿同一方向平行生长的枝。

逆行枝： 向内侧生长、与主干有交叉的枝。

萌蘖： 从主干根部长出的枝。

主干枝： 从主干上长出的枝，有必要的可保留。

下垂枝： 向下生长的枝，会把树形弄乱。

交叉枝： 交叉生长的枝。枝条交叉生长，易受产生损伤。

剪枝量 常绿果树 剪去 1~3 成枝

与落叶果树相比，常绿果树从春到夏，生长的枝数量有减少的倾向。修剪时一般以剪去 1~3 成枝、叶片大致不重叠为指标。具体要根据树的生长状态来调节，生长不旺盛的果树剪去 1 成的枝，生长繁茂的果树剪去 3 成的枝。

剪枝量 落叶果树 剪去 4~7 成枝

落叶果树，冬天叶片全部脱落，第 2 年春天再发出更多的新枝。冬季修剪时要确保新枝生长的基础数量。修剪时，以剪去枝条总量的 4~7 成作为指标，这样修剪后呈稀疏状态。

将留下的枝短截，有利于枝的结果和生长。

步骤 3

留下的枝再短截

最后，经步骤 1 和 2 后，将留下的枝短截。至于短截什么样的枝、截去多长等具体情况根据果树的不同而异。例如，葡萄的整枝（叶腋处）都有花芽，所以枝上只留 7 个芽，其他的部分剪去即可。而柿树花芽着生于枝的顶端附近，若剪去所有枝的顶端，第 2 年就不能开花结果。所以，在当年新生的枝条中，选择长枝和第 2 年不能结果的枝剪去顶端约 1/3 的长度。如上所述，区分果树的花芽及确认花芽的着生位置，对于修剪非常重要（见 P22~23）。另外，还要注意以下几点。

不打顶修剪的情形

只顶端附近的芽长成枝。

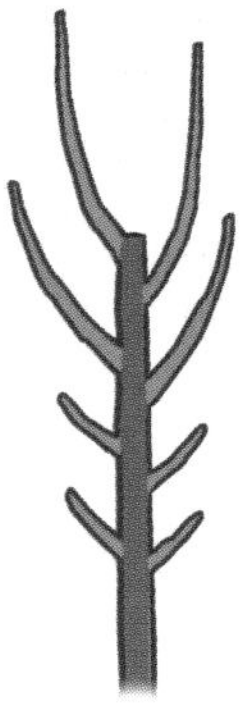

B 种剪枝情形

顶端附近的芽长成长枝，下部的芽长成短枝。

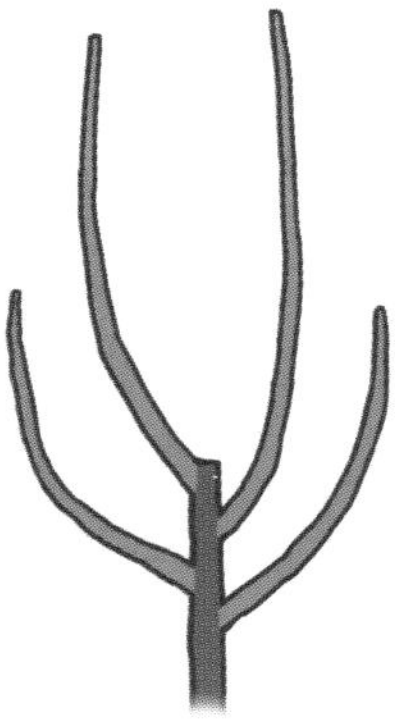

A 种剪枝情形

剪后所留芽长成长枝。

剪枝的长度与枝的生长方向

剪去枝条的长度与其后新生枝的长度是有关系的。如 A，剪枝后留枝过短，新生枝就长得长而且粗；如 B，从顶端剪去枝的 1/4~1/3，那么靠近顶部位置的新生枝就长得比较长，中部以下位置的新枝适度生长；不打顶的枝，只从顶端附近长出短枝。选取哪一种剪枝方式要根据果树种类和培育目的而定。懂得修剪后新生枝的生长方向，对于修剪也很重要。

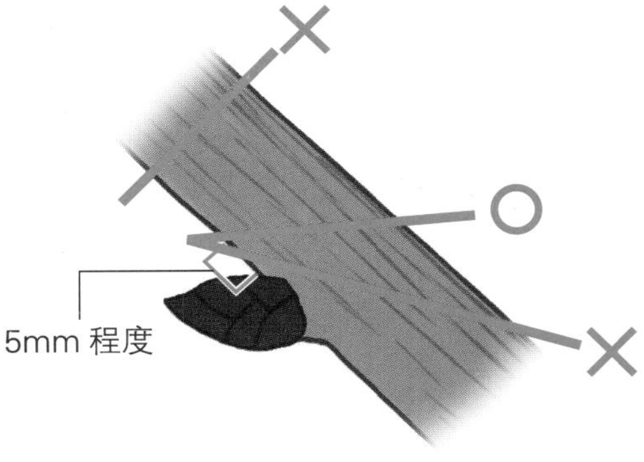

剪枝的位置

在离芽远的位置剪枝，容易造成从剪口处向内枯萎的现象；相反，离芽过近，容易伤芽，所以在芽上方 5mm 的位置剪枝，比较合适。

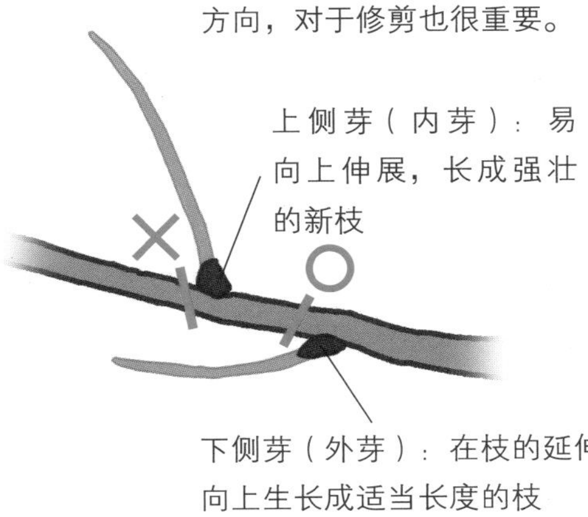

顶端芽的方向

修剪时，顶端芽的着生方向很重要。修剪后，若内芽位于枝的先端，新枝向上徒长，不好；若下侧芽或两侧芽（外芽）位于枝的先端，易于长出合适长度的平展的枝。

花芽的着生方式

芽分为花芽和叶芽两种类型。花芽又分为纯花芽和混合花芽，芽在发育成枝时，枝上只结果实（开花）的叫纯花芽；枝上既长叶片又结果实（开花）的叫混合花芽；枝上只长叶片的叫叶芽。修剪时，如果把所有的花芽都剪掉，就不能开花，第 2 年就不能收获。掌握果树花芽的着生位置，依此进行修剪，是学习修剪的捷径。

冬季修剪时，对于花芽和叶芽易于区分的果树，可一边保留花芽，一边修剪。对于难以区分花芽、叶芽的果树，由花芽着生于枝的不同部位来确定（见下表），所以不必担心：对于花芽着生于枝条顶端的果树，只剪长枝；对于花芽分散着生于枝的任意部位的果树，所有的枝剪去 1/3~1/2。

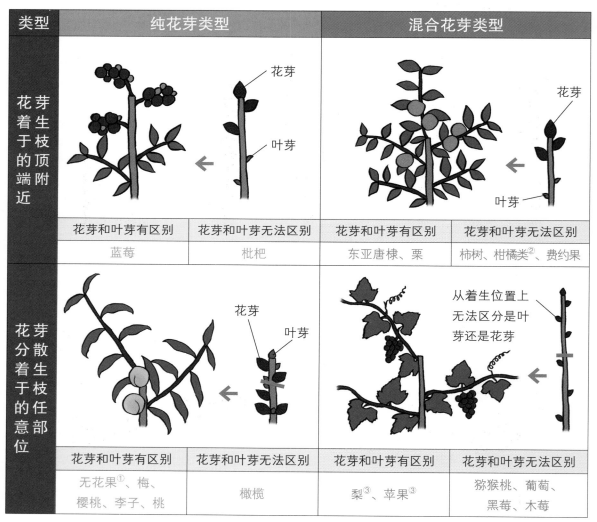

<table>
<tr><th>类型</th><th colspan="2">纯花芽类型</th><th colspan="2">混合花芽类型</th></tr>
<tr><td rowspan="3">花芽着生于枝的顶端附近</td><td colspan="2">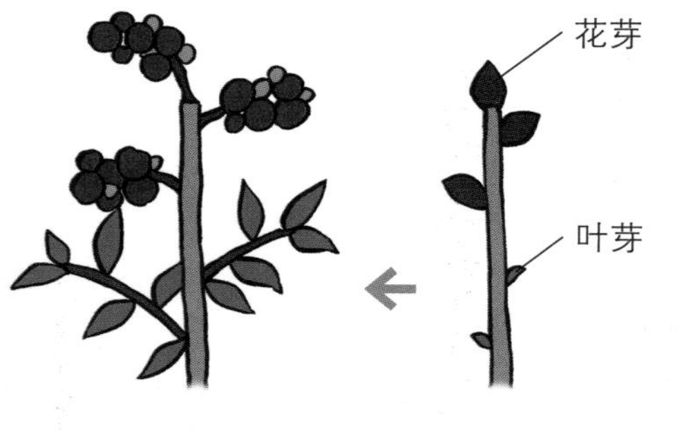
</td><td colspan="2">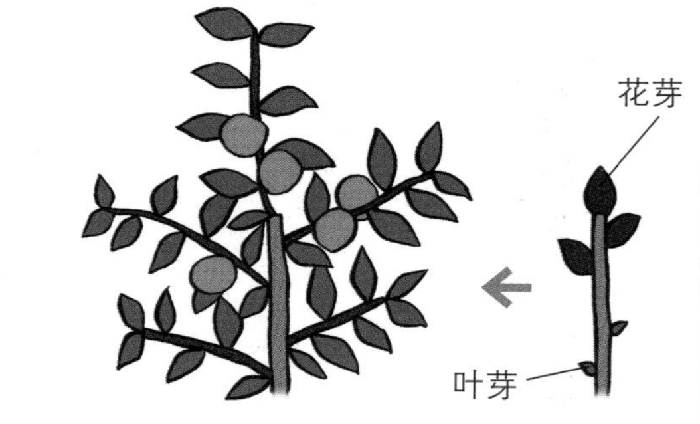
</td></tr>
<tr><td>花芽和叶芽有区别</td><td>花芽和叶芽无法区别</td><td>花芽和叶芽有区别</td><td>花芽和叶芽无法区别</td></tr>
<tr><td>蓝莓</td><td>枇杷</td><td>东亚唐棣、栗</td><td>柿树、柑橘类[2]、费约果</td></tr>
<tr><td rowspan="3">花芽分散着生于枝的任意部位</td><td colspan="2">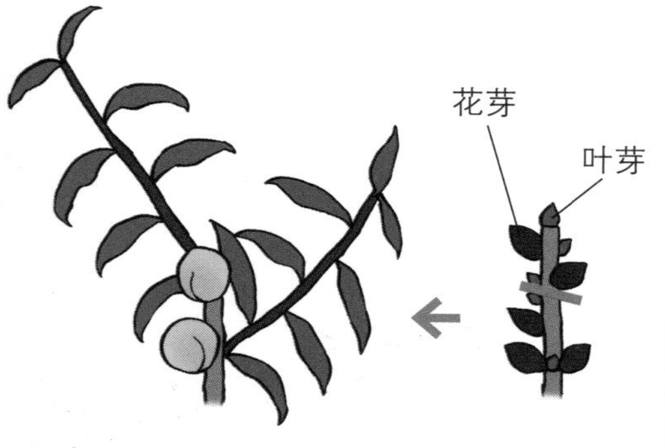
</td><td colspan="2">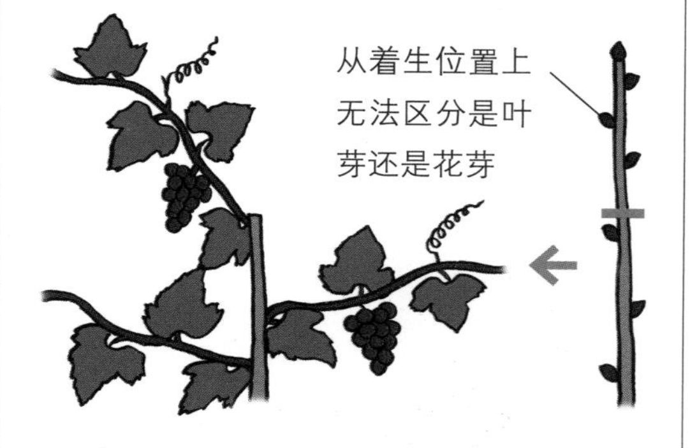
</td></tr>
<tr><td>花芽和叶芽有区别</td><td>花芽和叶芽无法区别</td><td>花芽和叶芽有区别</td><td>花芽和叶芽无法区别</td></tr>
<tr><td>无花果[1]、梅、樱桃、李子、桃</td><td>橄榄</td><td>梨[3]、苹果[3]</td><td>猕猴桃、葡萄、黑莓、木莓</td></tr>
</table>

① 在春季至秋季，枝不断生长，不断产生纯花芽。

② 柑橘类春梢的所有位置都容易着生花芽。

③ 主要利用短枝（短果枝）顶端着生的花芽。

※ 在 P22~23 的插图中可以轻松地通过芽的颜色来区分花芽和叶芽，而实际上每种果树芽的颜色各不相同。

花芽和叶芽

叶芽

芽发育成枝时，其上只长叶片，这样的芽叫叶芽。

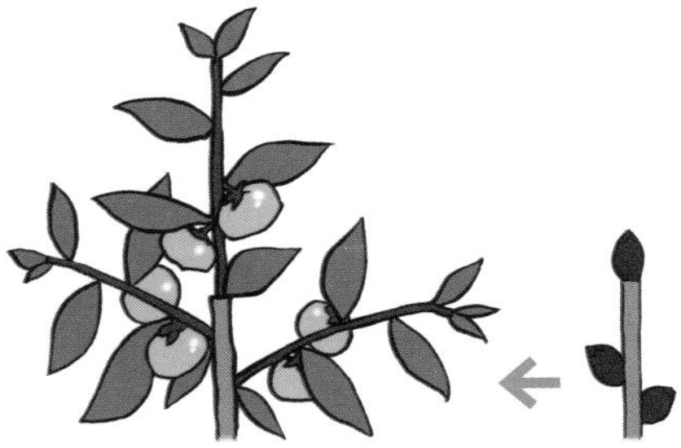

混合花芽

芽发育成枝时，枝上既长叶片又长果实，这样的芽叫混合花芽。

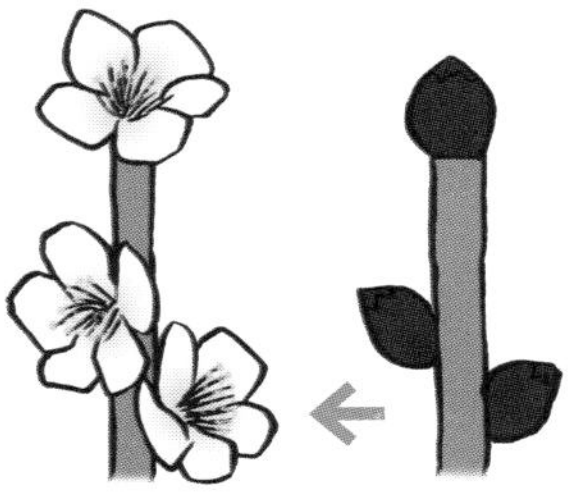

纯花芽

芽发育成枝时，只开花（结果），这样的芽叫纯花芽，伸长后的枝成为果梗。枝叶由其周围的叶芽生长形成。

果实的花芽与叶芽

病虫害的预防和防治措施

下面从保护果树免受病虫侵害入手，分预防和防治两方面来说明。

1 首要的是预防

培育健壮的果树

树木即使受多种病虫的危害也不至于枯萎，所以从日常做起，培育健壮的树木吧。在育苗场地和盆栽苗场地，创造良好的光照和通风条件是工作的要点。另外也要注意排水和土壤的营养成分。在本书介绍每种果树的页面，都有对应的管理操作措施，照此正确执行是重要的。

适量施肥

果实套袋

果实最为娇贵，所以常用套袋的方法来防止病虫的侵袭。最近，园艺店等也会出售家庭果树专用果袋（如注有“苹果用”的等），要根据果实的大小来选择果袋。

剪去枯枝，清扫落叶

病原菌和害虫多在枯枝与落叶中越冬，清除它们是有效的预防措施。在果树修剪后，剪掉的枯枝与落叶要集中处理。

常观察

要经常注意观察果树，及早发现病虫害，及早处理。

2 病虫害发生后要及时处理

在搞清病虫害种类的基础上进行防治

如果分不清病虫害种类，就不能实施有效的对策。首先，对比本书中介绍的每种果树、病虫害专业书、互联网等确定病虫害名称。在病虫害发生扩展的初期，戴手套或用一次性筷子去除病虫，可有效地防止病虫害加重。

喷洒农药

尽可能地不使用农药，但在预防不利的情况下，喷洒农药还是可行的。在发生初期施药，有利于药剂的扩散吸收。要仔细阅读药盒、药瓶上的说明书，搞清该药剂适用的果树和病虫害，选择合适的防治药剂。要遵守说明书上推荐的药剂稀释浓度、施药时期、施药次数等事项。施药时，为防止药液进入人体内，要穿长袖工作服，佩戴眼镜、口罩、手套等。

生理病害

由于气温、养分、水等因素引起的危害叫生理病害。

日灼（日烧）

果树 所有的果树。 症状 果实和树干受强烈日照而受伤。

预防措施 为不使果实和树干受直射光照射，要合理修剪、布局枝叶，适时浇水。

裂果

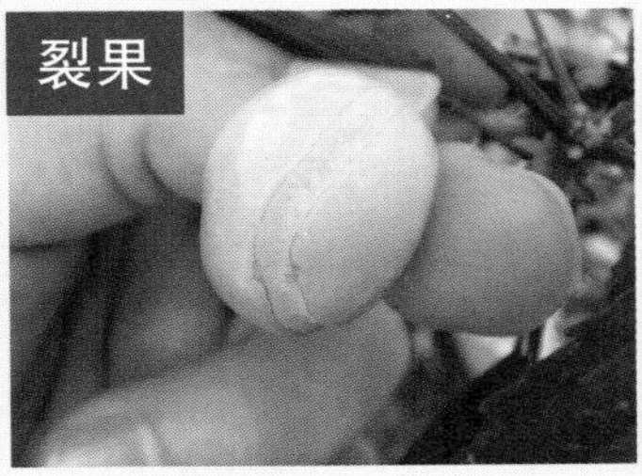

果树 无花果、梅、樱桃、李子、葡萄、桃等。 症状 果实开裂。

预防措施 做好适时浇水、套袋等措施。为防止土壤水分急剧变化，要注意定时浇水。

锈果

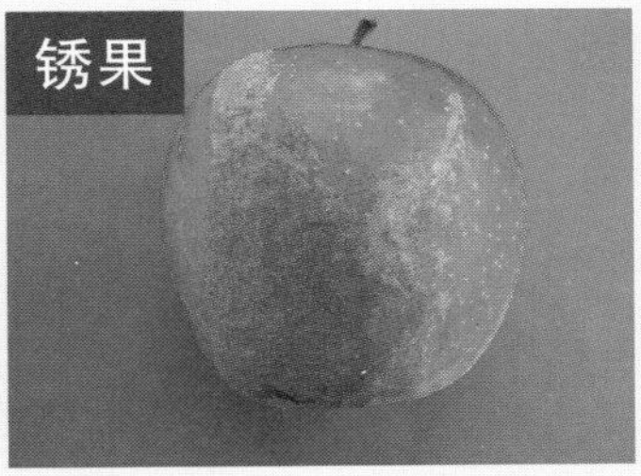

果树 苹果。 症状 果皮表面呈锈状。

预防措施 “阳光”“津轻”等品种易发生，应在结果后套上果袋。疏果时留中心果（见 P185）。

冻害

果树 所有果树。 症状 枝叶和果实因受冻产生伤害。

预防措施 如果是庭院种植，选择适于当地的耐寒性品种。如果是盆栽，在冬季移入室内。

流胶

果树 梅、樱桃、李子、桃子等。

症状 树干和果实上有树脂会溢出。

预防措施 减少因日灼、冻害、干旱、病虫害等引起的树干损伤、避免过度剪枝。

营养缺乏、过剩

果树 所有的果树。

症状 叶片出现褪色、黄化等异常。

预防措施 为防止果树营养过剩与不足，要适量施肥。有时可通过叶面喷洒液体肥料来减轻症状。

红斑病

果树 枇杷。 症状 果皮上产生红紫色的斑纹。

预防措施 为阻止果实受强光照射，在疏果后给保留的果实套上内里为黑色的果袋。

龟裂

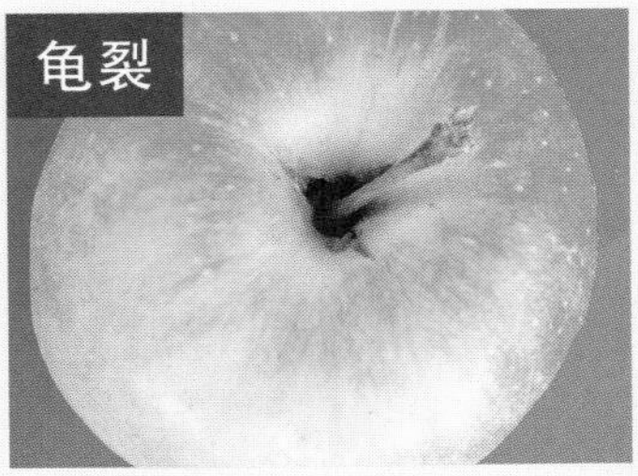

果树 苹果。 症状 在果梗周围向果内产生大的裂隙。

预防措施 排水良好，在疏果后给保留的果实套袋。

果肉稀疏空洞

果树 柑橘类。 症状 果肉变得稀疏空洞。

预防措施 为防止果实成熟过度或遭受冻害，请适时收获。还要注意不要施肥过量、剪枝过度。

肥料

适量施肥，是果树栽培能否成功的关键。一次施入大量的肥料，导致伤了根，或是没有被吸收就流失掉了，因此对于果树一年可施3次肥（基肥、追肥、底肥）。另外，作为基肥，对于花草和蔬菜来说是在种植时施入的肥料；但对于果树来说，基肥是生长发育开始前的冬天到初春时每年施入的肥料。

施肥位置

庭院栽培是在枝叶生长范围（树冠）的地面均匀地施肥。施用的肥料用锄、锹轻轻翻入地下就会分解。另外，还可防止被鸟吃掉。盆栽是在盆土的表面均匀地施入，没有必要翻入土中。

庭院栽培

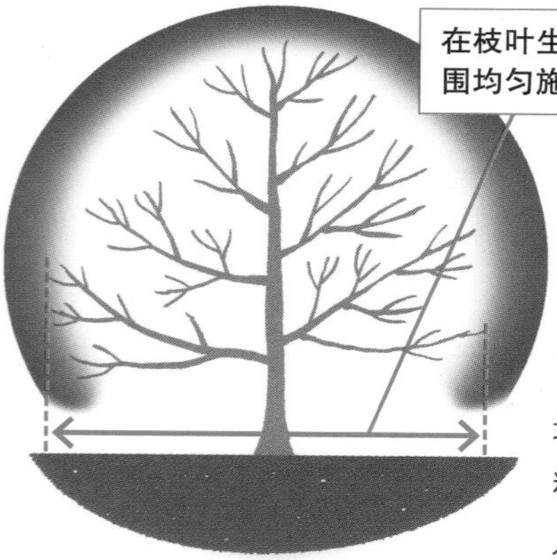

庭院栽培时施入肥料后轻轻翻入土中。

盆栽

盆栽时，肥料不需要翻入土中，在盆土的表面均匀撒施即可。

施入肥料的种类

肥料大体分有机肥和无机肥。有机肥包括油渣、鸡粪、骨粉等，有疏松土壤的效果，还含有钙等元素。无机肥的代表是化学合成的肥料。它是以无机物为原料通过化学方法合成的，主要含有比例较高的氮、磷、钾。

本书集中两者的长处，无论是庭院栽培还是盆栽，主要介绍的是生长发育开始前作为基肥用的油渣、快速生长时期的追肥和收获后的底肥。油渣不论是粉末状的还是块状的都没关系，推荐最好是掺入骨粉。

化学肥料没有特别指明使用哪种，以氮、磷、钾含量均衡，氮、磷、钾比例为8:8:8或者10:10:10等为宜，各成分含量为8%~10%即可。

推荐的肥料

油渣

用油菜籽和大豆等种子中榨出油后剩余的残渣，再掺入骨粉等即可。

化学肥料

以无机物为原料，通过化学方法合成的肥料。对于果树来说，推荐氮、磷、钾含量均衡的复合肥为好。

施肥时期和施用量

施肥时期和施用量，请参考从P29开始的“果树种植方法”中每种果树的对应介绍，庭院栽培在靠前的“肥料（庭院栽培）”，盆栽在末尾的（盆栽）中记载。庭院栽培，依据枝叶生长的范围，如果树冠直径是2m，施入的量是1m的4倍；如果直径是3m，施入的量大约是1m的9倍。盆栽，10号盆的施肥量是8号盆的1.5倍，15号盆的施肥量是8号盆的3倍。按一把肥料大约30g，一撮肥料大约3g计算即可。以上施入量仅作为大体的指标，要根据枝条的生长情况、叶色、果实的大小等情况适当调节。虽然在施肥量较少的情况下果树不会出现枯萎的现象，但是应注意施肥量过多时根系就会受伤害，甚至会出现地下死根和地上树体枯萎的现象。

盆栽的管理

管理的要点是放置场所、浇水、倒盆。

1 放置场所

因病原菌多数是靠雨水传播而繁殖，所以不将盆栽放在屋檐下等易被雨淋的地方，就可大大减轻病害的发生。另外，不论是什么样的果树都喜欢太阳光照。

冬天，根据果树的耐寒性不同，存放的场所也有所不同，多数常绿果树，由于不耐寒，在冬季时应移动到光照好的室内。多数落叶果树比较耐寒，如果放在温暖的地方，第二年春天就不开花，所以应放在室外使其越冬。

即便放置在屋檐下，也要尽量选取光照条件好的地方。

2 浇水

盆土的表面如果干了，浇水时要浇到从盆底流出来为止。春天和秋天2~3天浇1次水，夏天每天浇1次，冬天7天浇1次。

另外，枝叶沾水容易发病，所以在浇水时尽量不要浇到枝叶上，向根部浇水最好。不过夏天晴天时易干，向枝叶浇水有降低叶片温度的效果，还有冲刷掉螨类和蚜虫的作用，这种情况下向枝叶浇水没有问题。

向根部浇水。

倒盆（换盆）

盆栽，栽后2~3年，盆内老根就长得满满的，不能充分吸收水分，进而影响树的长势。所以栽植后每隔2~3年就要换盆重栽。如果出现根从盆底长出、即使浇水也很难渗透、枝叶生长不好的情况，不管栽种年数多少，都要换盆重栽。

换盆的适宜时期

换盆的时期也和移栽一样，在根生长缓慢的时期进行（见P10）。

换大盆栽种的情况

换盆时，选用至少大一圈的大盆栽种，方法同栽植时一样（见P10）。

倒盆时还用原来的盆栽种的情况

如果不想用比现在更大的花盆，可参考右图1~4方法栽在原来的花盆内。

❶ 根系从盆底长出来的部分就剪掉，敲打花盆拔出植株。如果这时根不是满满地卷曲在盆内就不用换盆。

❷ 用锯将底部的根锯掉3cm。如果适期锯根，即使锯掉根也不会影响生长。

❸ 同锯掉底面的根一样，也可锯掉侧面周围的根3cm左右。

❹ 在花盆底部铺上碎石和土，把植株放回盆内，填土并浇足水即算完成。2~3年后再进行换盆栽植。

果树栽培日历一览表

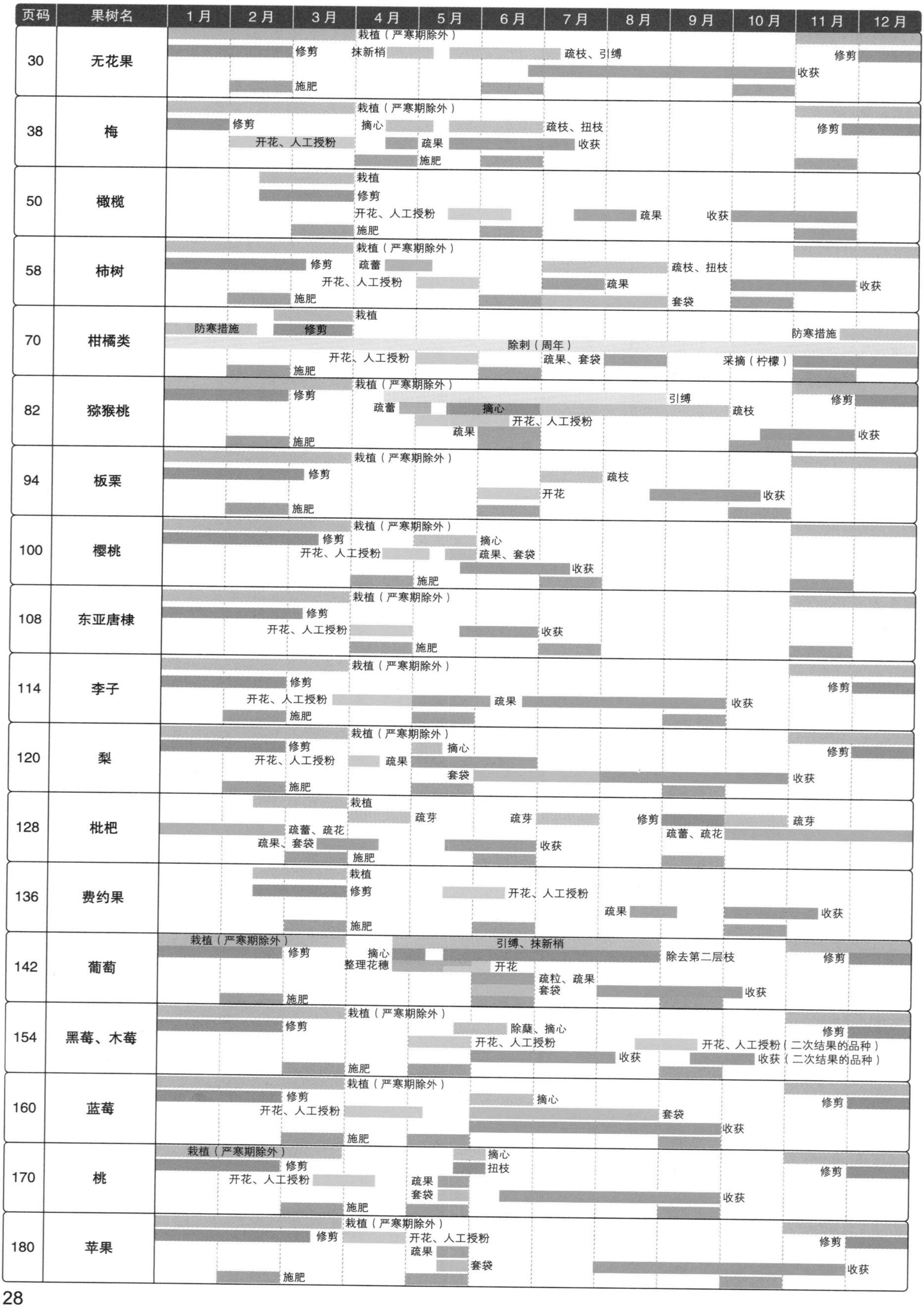

页码
果树名
1月
2月
3月
4月
5月
6月
7月
8月
9月
10月
11月
12月
30
无花果
栽植（严寒期除外）
修剪
抹新梢
疏枝、引缚
修剪
收获
施肥
38
梅
栽植（严寒期除外）
修剪
摘心
疏枝、扭枝
修剪
开花、人工授粉
疏果
收获
施肥
50
橄榄
栽植
修剪
开花、人工授粉
疏果
收获
施肥
58
柿树
栽植（严寒期除外）
修剪
疏蕾
疏枝、扭枝
开花、人工授粉
疏果
收获
施肥
套袋
70
柑橘类
栽植
防寒措施
修剪
防寒措施
除刺（周年）
开花、人工授粉
疏果、套袋
采摘（柠檬）
施肥
82
猕猴桃
栽植（严寒期除外）
修剪
引缚
修剪
疏蕾
摘心
疏枝
开花、人工授粉
疏果
收获
施肥
94
板栗
栽植（严寒期除外）
修剪
疏枝
开花
收获
施肥
100
樱桃
栽植（严寒期除外）
修剪
摘心
开花、人工授粉
疏果、套袋
收获
施肥
108
东亚唐棣
栽植（严寒期除外）
修剪
开花、人工授粉
收获
施肥
114
李子
栽植（严寒期除外）
修剪
修剪
开花、人工授粉
疏果
收获
施肥
120
梨
栽植（严寒期除外）
修剪
摘心
修剪
开花、人工授粉
疏果
套袋
收获
施肥
128
枇杷
栽植
疏芽
疏芽
修剪
疏芽
疏蕾、疏花
疏蕾、疏花
疏果、套袋
收获
施肥
136
费约果
栽植
修剪
开花、人工授粉
疏果
收获
施肥
142
葡萄
栽植（严寒期除外）
引缚、抹新梢
修剪
摘心
除去第二层枝
修剪
整理花穗
开花
疏粒、疏果
套袋
收获
施肥
154
黑莓、木莓
栽植（严寒期除外）
修剪
除蘖、摘心
修剪
开花、人工授粉
开花、人工授粉（二次结果的品种）
收获
收获（二次结果的品种）
施肥
160
蓝莓
栽植（严寒期除外）
修剪
摘心
修剪
开花、人工授粉
套袋
收获
施肥
170
桃
栽植（严寒期除外）
摘心
修剪
扭枝
修剪
开花、人工授粉
疏果
套袋
收获
施肥
180
苹果
栽植（严寒期除外）
修剪
开花、人工授粉
修剪
疏果
套袋
收获
施肥

Part 2

果树种植方法

去种植自己喜爱的果树吧！

从操作项目上看，种植果树工作比较多而且难，

但只要提前掌握操作要点，一切将迎刃而解。

如果你已经有一定的栽培经验，就去尝试一下提高水平吧。

无花果

资料	
科属名	桑科，无花果属
形态	落叶半乔木
树高	3m 左右，最高 8m
耐寒气温	－10℃
土壤 pH	6.5~7.0
花芽	纯花芽
隔年结果	难

授粉树

不需要

难易度

容易

■施肥（庭院种植）

如果树冠直径不足 1m 时，在 2 月施饼渣肥 150g，6 月和 10 月分别追施复合肥 45g。

■栽培日历

	1月	2月	3月	4月	5月	6月	7月	8月	9月	10月	11月	12月
●栽植	━	━	━	（严寒期除外）							━	━
●枝的管理	━	━	修剪 抹新梢	━	━	━	━ 疏枝、引缚				修剪	━
●花的管理												
●果实的管理												
●采收							━	━	━	━		
●施肥		━				━				━		

选择品种并选择与培育目标相符合的树形

无花果抗病虫性强，易于培育长成壮实的果树，是推荐给初学者的树种。靠自己的努力收获成熟度好、甘美醇厚的果实，这是市售品无法能比的。

现在，国内至少有 30 个以上的无花果品种，分为夏天结果的夏果专用型品种（6~7 月收获果实）、秋天结果的秋果专用型品种（8~9 月收获果实）及夏秋都能结果的夏秋果兼用型品种三类。

苗木栽植后，要确定从无花果的两种树形中选择一种（见 P31）。自然开心形树形（见 P11），适用于所有的品种，对于夏果专用型品种和夏秋果兼用型品种来说都能收获夏果，缺点是容易长成 3m 以上的大树。一字形树形（见 P11），因不能收获夏果，所以不适用于夏果专用型品种，其树高可控制在 1.5m 左右，修剪简单，是推荐给初学者的一种树形。

■品种

品种名称		采收期 6月	7月	8月	9月	单果重 /g	特征
夏果专用型品种	紫陶芬					150	果皮紫色，果肉红色，是夏果专用型品种中个儿大且味美的品种
	果王					60	果皮绿色，果肉桃红色，甘甜，易于结果
夏秋果兼用型品种	芭劳奈	夏果		秋果		夏果 160 秋果 110	果皮茶褐色，果肉红色，果大甘甜，吃在口中有黏糊的感觉
	玛斯义 · 陶芬		夏果	秋果		夏果 150 秋果 100	果皮紫色，果肉红色，作为代表性的品种种植容易初期学习
秋果专用型品种	美味华丽					50	果皮黄绿色与白色相间，果肉红色，口感也好
	蓬莱柿					70	果皮薄紫色，果肉桃色，稍稍有点酸味，晚熟品种

■栽植和整形修剪

第 1 年（栽植）

时期

11 月 ~ 第 2 年的 3 月（严寒期除外）

要点

无花果喜好 pH 为 7.0 左右的中性土壤，栽植时，在回填土壤中掺入适量镁石灰和腐殖质土。因其根系不耐干燥，所以栽植后要用稻草等覆盖其树干基部。

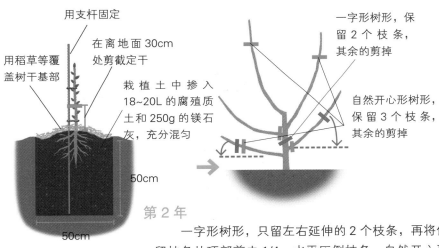

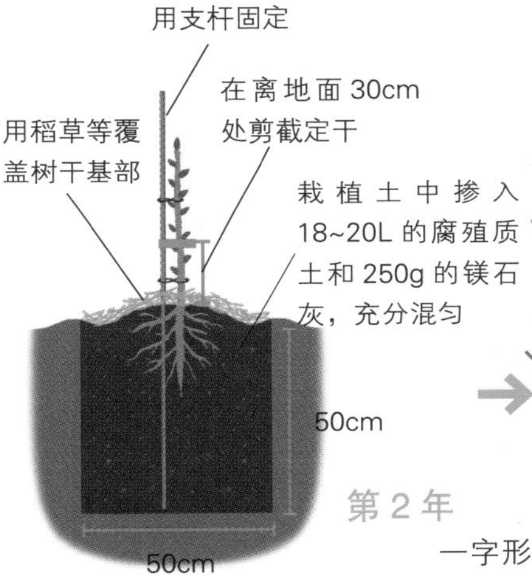

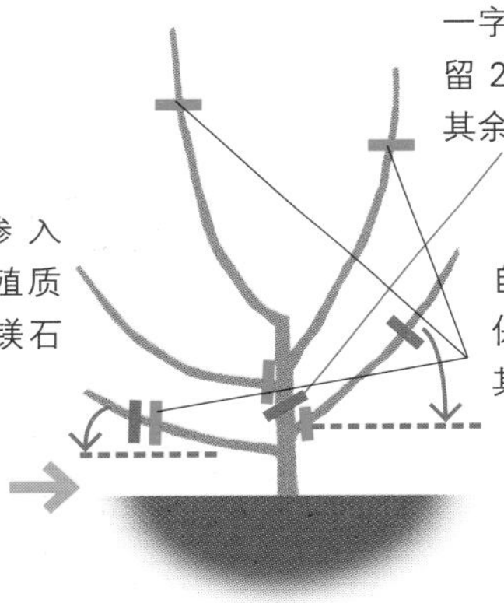

第 2 年

一字形树形，只留左右延伸的 2 个枝条，再将保留枝条从顶部剪去 1/4，水平压倒枝条。自然开心形树形保留 3 个枝条，再将保留枝条从顶部剪去 1/4。

适用于所有品种

第 3 年以后（自然开心形树形）

若要形成适当高度的自然开心形树形，需要合理修剪疏枝，长枝要剪去 1/2 左右。

夏秋果兼用型品种、秋果专用型品种

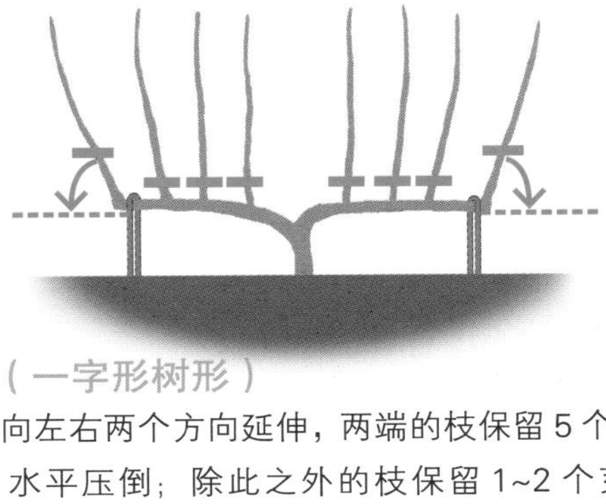

第 3 年以后（一字形树形）

若使果树向左右两个方向延伸，两端的枝保留 5 个芽，其余的剪去，水平压倒；除此之外的枝保留 1~2 个芽，其余的剪去。如果不想让果树扩展过宽，所有的枝都保留 1~2 个芽，其余的剪去。

管理作业与生育周期

要点

- 选择品种及与培育目标相符的树形。
- 如果要收获夏果，修剪时不要剪去枝的顶端。
- 若接触到树枝和果实从切口处流出的白色树液，会引起皮肤发炎，请注意防护。

1 抹新梢 （见 P33）

掰去新发的过多幼枝。

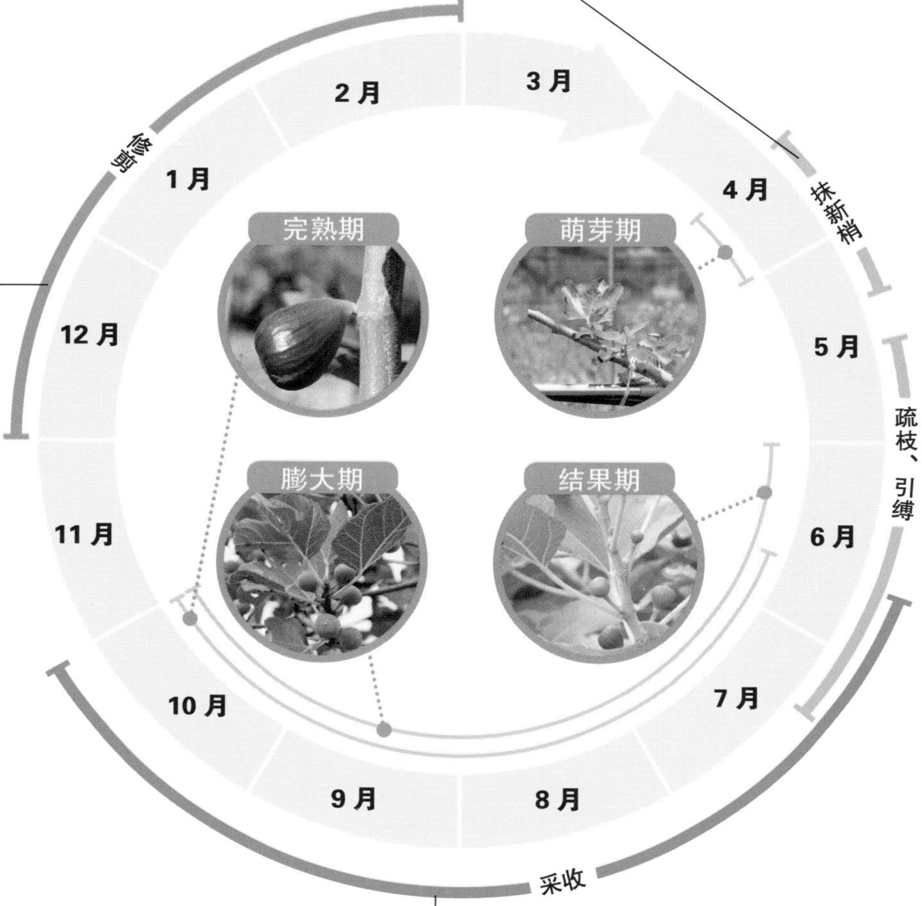

2 疏枝、引缚 （见 P33）

为了改善通风条件，剪去混乱生长的枝，架立支杆，引缚枝条使其按一定的方向生长。

3 采收 （见 P33）

完全成熟的果实就可以采收。照片中是品种玛斯义・陶芬的果实，最右侧的是适宜采收的果实。

4 修剪 （见 P34）

为了不使树长得过大，要进行修剪。

管理作业

1 抹新梢

4 月上旬 ~5 月上旬

在冬季修剪过的枝切口周围，会新发出许多幼嫩的新梢，如果这些新梢都保留，每个枝就会长得细弱，所以，在其生长抽长之前，进行适宜的剪除。

保留幼枝的数量，如果是一字形树形，保留 1 个；若为自然开心形树形，保留 3~4 个。从剪口处流出白色的树液会粘到手上，因此最好戴着手套进行操作。

2 疏枝、枝的引缚

5 月中旬 ~7 月上旬

① 剪去生长混乱的枝，以改善通风条件。

→

② 幼树和一字形成龄树，为了不被风吹折，要对其进行引缚，沿枝的延伸方向立杆搭架，同时用绳子绑扎固定。

3 采收

6 月下旬 ~10 月

果实完全成熟后，用手托住下部，轻轻摘取。完全成熟的标准因品种而异，可通过色泽和硬度来判断。摘取时请注意白色树液。

靠近枝顶端的果实

果实需在一定的温度下才能成熟，所以晚秋时节靠近枝梢的果实常不能成熟和收获。照片是 11 月的玛斯义・陶芬品种，因是夏秋果兼用型品种，枝的顶端会着生 1~5 个第 2 年将会萌发的花芽（夏果）。

4 修剪

12 月 ~ 第 2 年 2 月

夏果专用型品种

纯花芽（见 P22）

只在靠近枝的顶端部位，着生几个将在第 2 年夏天结出夏果的纯花芽。叶芽着生在整个枝上，叶芽和纯花芽（夏果）可区分。

花芽生长，在 6~7 月结出成熟的夏果；枝顶端的 1~3 个叶芽伸长形成的新枝，其叶腋处不能结出像秋果那样的果实。由于花芽着生在枝的顶端附近，如果把枝的顶端都去掉，就不能结果，所以只对长枝进行修剪比较好。

秋果专用型品种

纯花芽（见 P22）

与夏果专用型品种不同，枝的顶端没有纯花芽，修剪前，所有的芽都是叶芽。

叶芽萌发，长出枝叶。枝叶一边生长，一边在叶腋处长出纯花芽，再结出秋果。一般的情况是，不管哪个叶芽长出的枝都能结果，因此，修剪如右图所示：只留 1~2 个芽，其他的都剪掉也可以。生长的枝叶中，如果营养状况不好，只有枝顶部的叶腋处结果。

夏秋果兼用型品种

纯花芽（见 P22）

同夏果专用型品种。靠近枝的顶端，着生着几个将在第 2 年夏天结出夏果的纯花芽。叶芽着生在整个枝上，叶芽和纯花芽（夏果）可区分。

靠近枝顶端的花芽生长，在 6~7 月结出成熟的夏果；枝顶端的 1~3 个叶芽伸长形成新枝，在新枝的叶腋处结出秋果。因此，对既想结夏果又想结秋果的枝，修剪时不要剪去枝顶端。但如果所有的枝都不剪，不利于果树枝条的新老更替，所以将 40cm 以上的长枝剪去 1/2 比较好。

■枝的生长方式与果实的着生位置

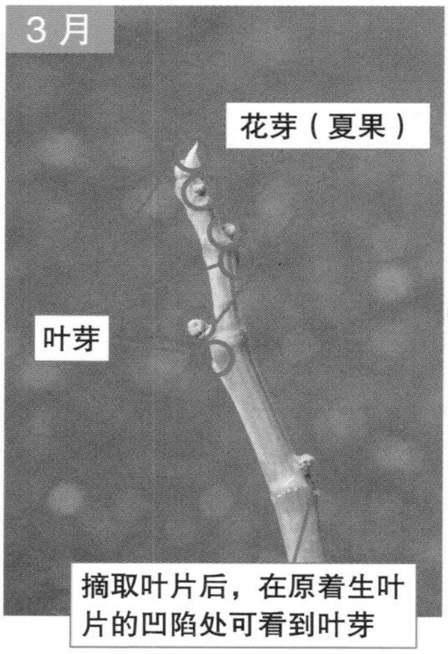

→

→

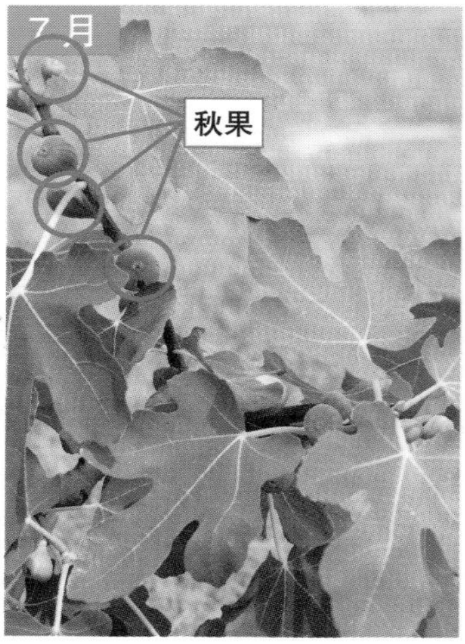

→

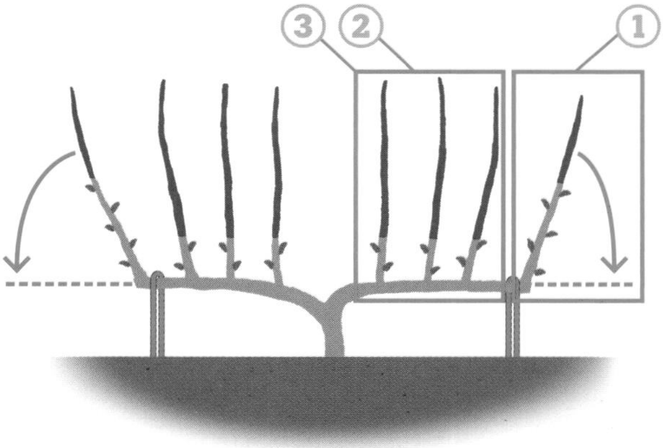

一字形树形树高可控，修剪简单，推荐在秋果专用型品种和夏秋果兼用型品种上使用。

■修剪的顺序（一字形树形）

① **骨干枝（向两端延伸的枝）**
为保持一字形树形向两端延伸生长之势，两端的枝保留5个芽，其余的剪去，并压倒枝条。

② **其他枝**
一字形骨干枝上除两端枝条之外的其他枝保留 1~2 个芽，其他的剪去。

③ **为防止枝干枯萎，剪枝时留橛**
将上一年修剪后的留橛去除。

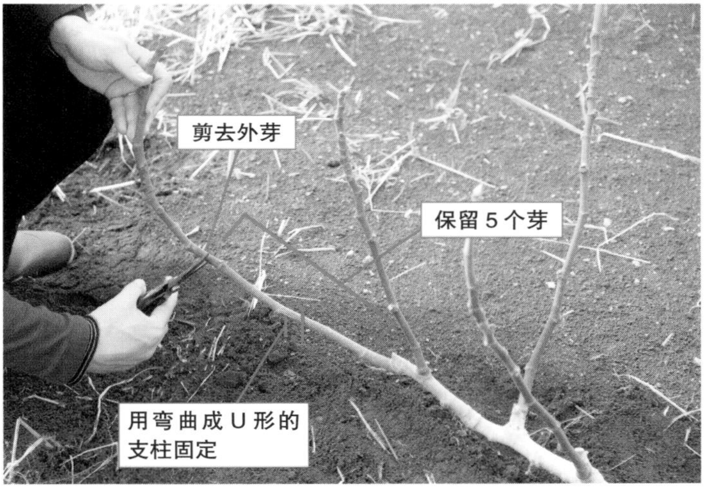

① 骨干枝（向两端延伸的枝）

一字形树形常用在秋果专用型品种和夏秋果兼用型品种上。为保持一字形树形向两端延伸生长之势，将向两端延伸的枝的先端（作为骨干枝的先端）保留 5 个芽，其余的剪去，朝向地面的芽也如同枝梢的其他芽一样作为外芽剪去。将剪后的枝压倒呈水平状，用弯曲成 U 形的支柱固定住枝干。如果缺少植株生长的空间，也不想让树长得太大，只保留 1~2 个芽，其他的剪去。

除两端枝条之外的其他枝各留下 1~2 个芽，其余的剪去。芽的位置，是摘取叶片后留在茎上的凹陷标志。

② 一字形骨干枝上除两端枝条之外的其他枝保留 1~2 个芽，其他的剪去

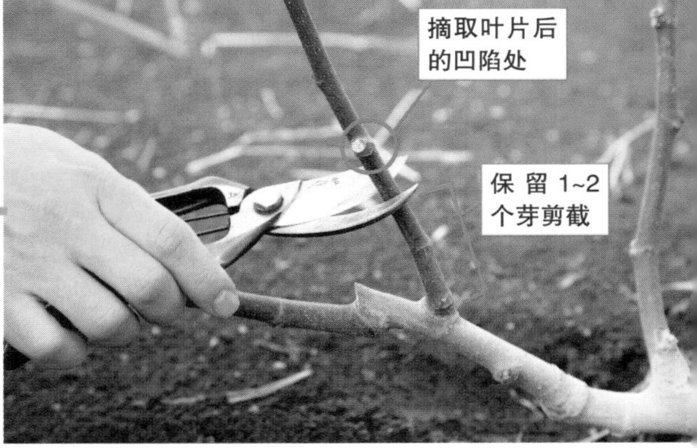

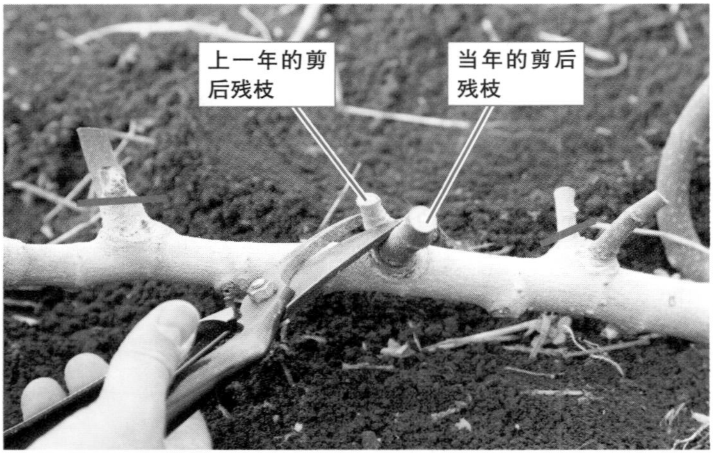

③ 为防止枝干枯萎，剪去留橛

上一年修剪保留了 1~2 个芽之后，留橛仍保留着，病菌由此容易侵入，造成枝干枯萎。因此，用剪刀或小锯锯掉，保证枝干平滑为好。

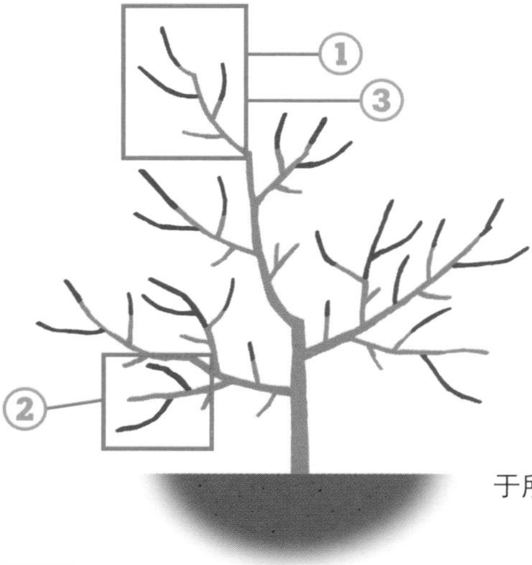

■修剪的顺序（自然开心形树形）

① 顶端的枝只保留 1 个，其他的剪去
健壮的枝保留 1 个，其余的剪去。

② 不需要的枝从枝的基部剪去
剪除过密枝等不需要的枝。

③ 保留的枝一部分从枝的先端处剪去 1/2 左右
大约占总数一半的枝从枝的先端剪去 1/2 左右。

自然开心形树形适用于所有的品种。

位于树顶部的枝保留其中粗壮的一个，其余的剪去。过密枝以第 2 年夏天抽枝后，新枝互不交叉接触为原则进行修剪。保留的枝中，40cm 以上的枝从顶端剪去 1/2。

从主干基部长出的萌蘖枝要毫不犹豫地剪去。但如 A 那样由主干上长出的枝不剪，第 2 年夏天也能结出夏果。修剪时剪去的枝量约为全部枝总量的 40%。

病虫害防治措施

病虫害名称	发生时期	症状	防治方法
疫病	4~9月	受害果实呈暗褐色、腐烂，受感染的枝叶枯萎	改善通风透光条件。施肥过量会促进其发生，需引起注意
蚜虫类	5~9月	在幼嫩枝叶上为害和繁殖，吸食树体汁液	注意观察叶和枝的顶端，一经发现，马上用手捕杀
天牛类	6~9月	成虫在地面靠近主干附近产卵，孵化后幼虫钻入枝干侵食，造成树势衰弱。这是最应该注意的害虫	观察地面附近的树干，如果发现幼虫钻出的木屑或粪便，用铁丝插入孔穴进行钩杀
介壳虫类	6~10月	介壳虫类寄生于枝干，吸食汁液	一经发现，用牙刷等将其刷落。冬季喷洒机油乳剂，也有一定效果

蚜虫类

天牛类

介壳虫类

盆栽

因一字形树形修剪等管理作业简单，易于盆栽培育。树苗一般选择夏秋果兼用型品种和秋果专用型品种。

资料

■用土

推荐使用果树或花木用土。如果没有，可将蔬菜用土、沼泽土（小粒）按 7:3 的比例再加 1 把镁石灰（25~30g），混合均匀后使用。另外，在盆底铺 3cm 厚的碎石。

■栽植（花盆的大小：30~40L）

把棒苗种在花盆中，使其倒卧，按一字形株型培育比较好。

■放置场所

从春到秋，放置在屋檐下雨水淋不到的地方，并逐步向直射光照长的地方转移。冬天，放置在不低于 −10℃的场所。

■浇水

盆土表面干透，浇充足水分。

■施肥

若花盆容积为 30~40L，2 月施油渣 120g，6 月和 10 月各施复合肥 40g。

■管理作业

参见 P33~37。

在长方形的花盆中栽植树苗，树苗呈卧式，以一字形株型平衡生长为宜。

梅

资料	
科属名	蔷薇科，梅属
形态	落叶乔木
树高	3m 左右，最高 8m
耐寒气温	—15℃
土壤 pH	5.5~6.5
花芽	纯花芽
隔年结果	难

授粉树

因品种而异

难易度

一般

施肥（庭院种植）

树冠直径不足 1m 的树，在 11 月施油渣 150g，第 2 年的 4 月、6 月分别追施复合肥 45g、30g。

栽培日历

	1月	2月	3月	4月	5月	6月	7月	8月	9月	10月	11月	12月
栽植	■	■	■	（严寒期除外）							■	■
枝的管理	■	修剪		摘心 ■	■	■	疏枝、扭枝				修剪 ■	■
花的管理		■	■	开花、人工授粉								
果实的管理				■	疏果							
采收					■	■						
施肥				■		■					■	

梅是具有栽培传统的古老树种

梅，原产地为中国，后引入日本，有“自弥生时代起多次传入日本”的说法。在日本最古老的歌集《万叶集》中，其登载的大约 4500 首和歌中，有关梅的和歌约有 120 首，仅次于 140 首的胡枝子而位居第二，这比描写樱的 40 首和歌多很多，由此可以推测，自古以来，梅就是与日本人十分亲近的树种。

梅分为观赏花的花梅和收获果实的果梅两类，因此，要想享受收获的乐趣，必须选用果梅品种。如果单棵种植，往往引起结果量少的后果，所以，应在其附近种植开花期相近的其他品种。如果不进行疏果操作，结果过多，会出现第 2 年结果量少的现象，即具有“隔年结果”的特点。梅，虽说是不费事的果树，但如俗语描述的“樱不能剪，梅不能不剪”，因此需通过冬季修剪来保持梅树生长旺盛。

品种

品种名称	授粉树	开花期		采收期			单果重 /g	特征
		2 月	3 月	5 月	6 月	7 月		
龙峡小梅	不需要						8	花期、收获期早，是适合于生吃的脆梅
花香实	不需要						30	粉红色的重瓣花很美，适合于制梅干和果酱
南高	需要						25	作为代表性的品种易于结果，适合于制梅干和果酱
白加贺	需要						30	花粉少，不易作授粉树，适合于制梅酒和果汁
丰后	需要						40	杏和梅的杂交品种，适合于制梅酒和果汁
露茜	需要						65	李和梅的杂交新品种，适合于制梅酒和果汁

栽植和整形修剪（自然开心形树形）

第 1 年（栽植）

时期

11 月 ~ 第 2 年的 3 月（严寒期除外）

要点

苗木种植要稍浅。若在秋季种植，根容易适应土壤。尽可能地在开花前栽植。需要授粉树的品种，在离该树 3m 左右的地方种植开花期相近的不同品种梅。

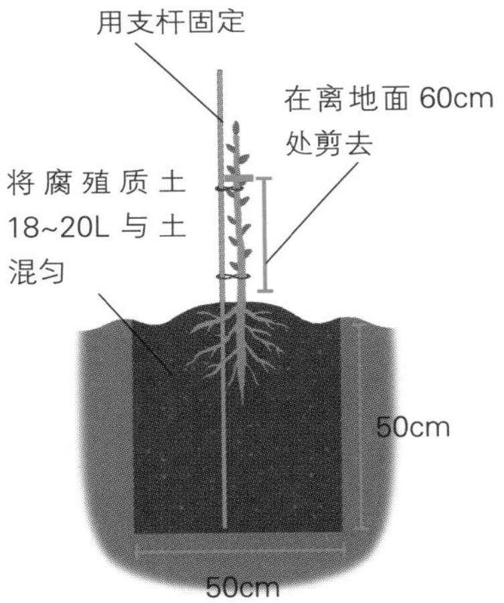

自然开心形（见 P11）树形的梅树。在 1m 左右的高度发出 2~3 个枝作为树的主枝。

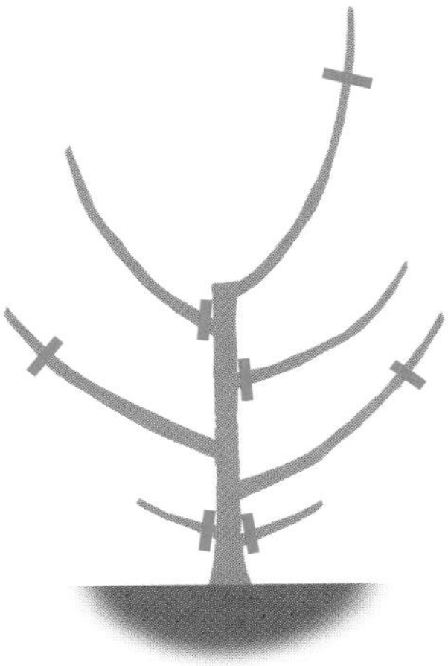

第 2 年

从生长的枝中保留 2~3 个健壮的枝干，其余的从分叉处剪除。保留的枝，从枝上端剪去 1/4。

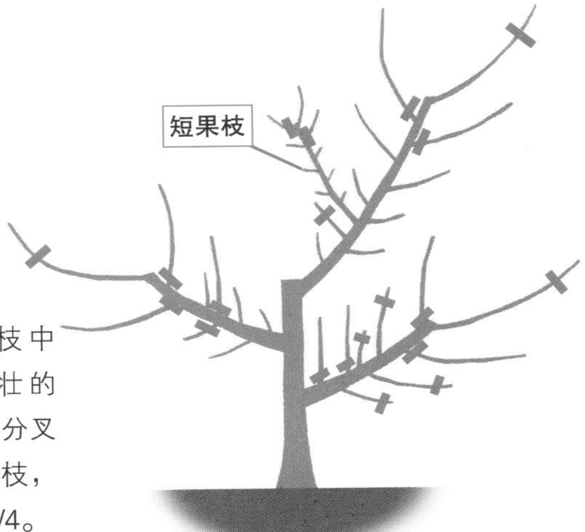

第 3 年以后

每个枝干上，位于顶端的只保留一枝，其他的竞争枝剪去。要注意尽可能多地保留易于坐果的短果枝。

■作业与生育周期

要点

- ●需要授粉树的品种，在附近种植花期相近的不同品种。
- ●中果、大果梅品种常用于制梅干和梅酒，小果梅品种常用于腌渍梅，请选择合乎需求的品种种植。

1 人工授粉 （见 P42）

每年，在结果不利的情况下进行此项操作。

2 疏果 （见 P42）

要想收获大的果实，请进行此项操作。

3 摘心 （见 P43）

保留 10~15 片叶，摘去顶端部分，促使枝蓄积营养。

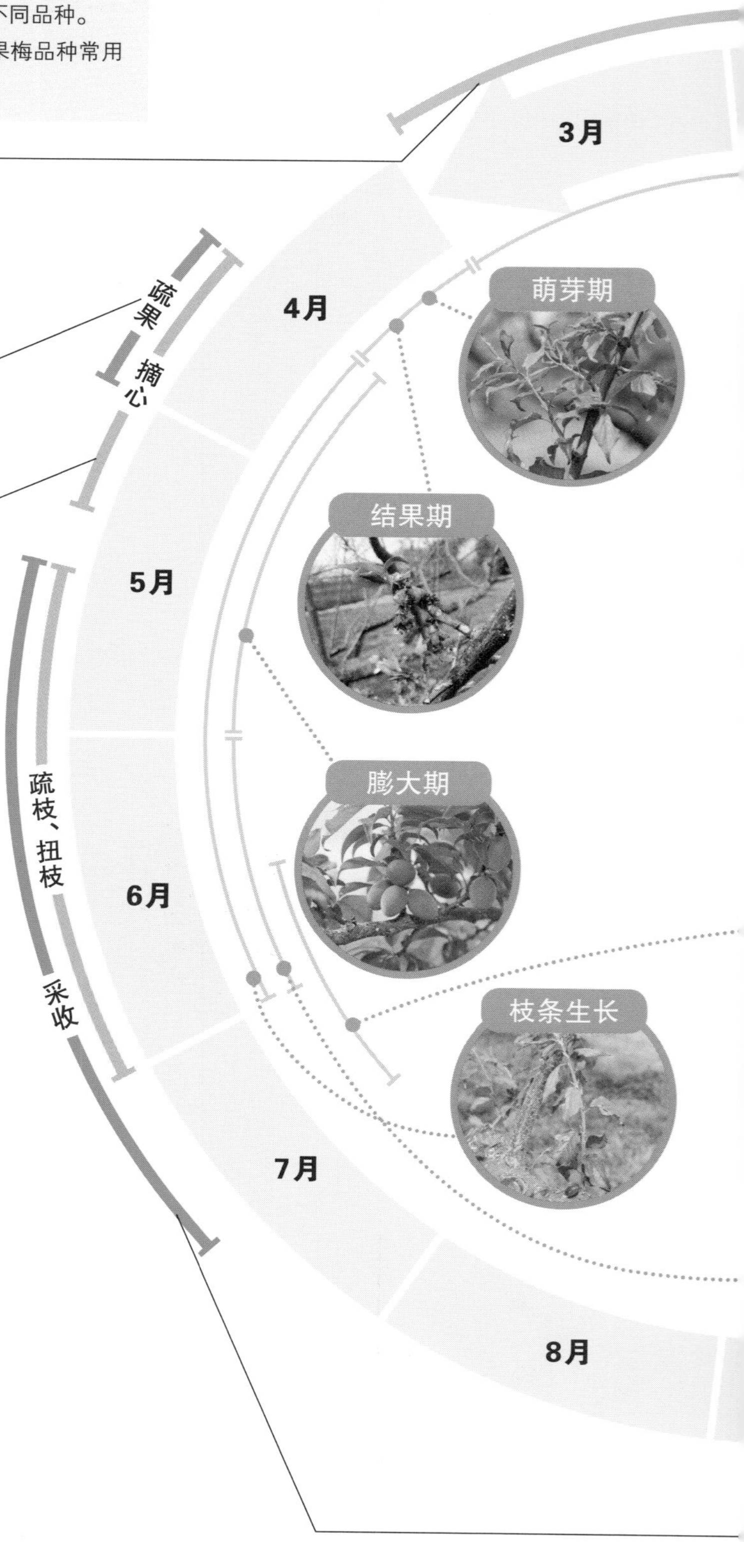

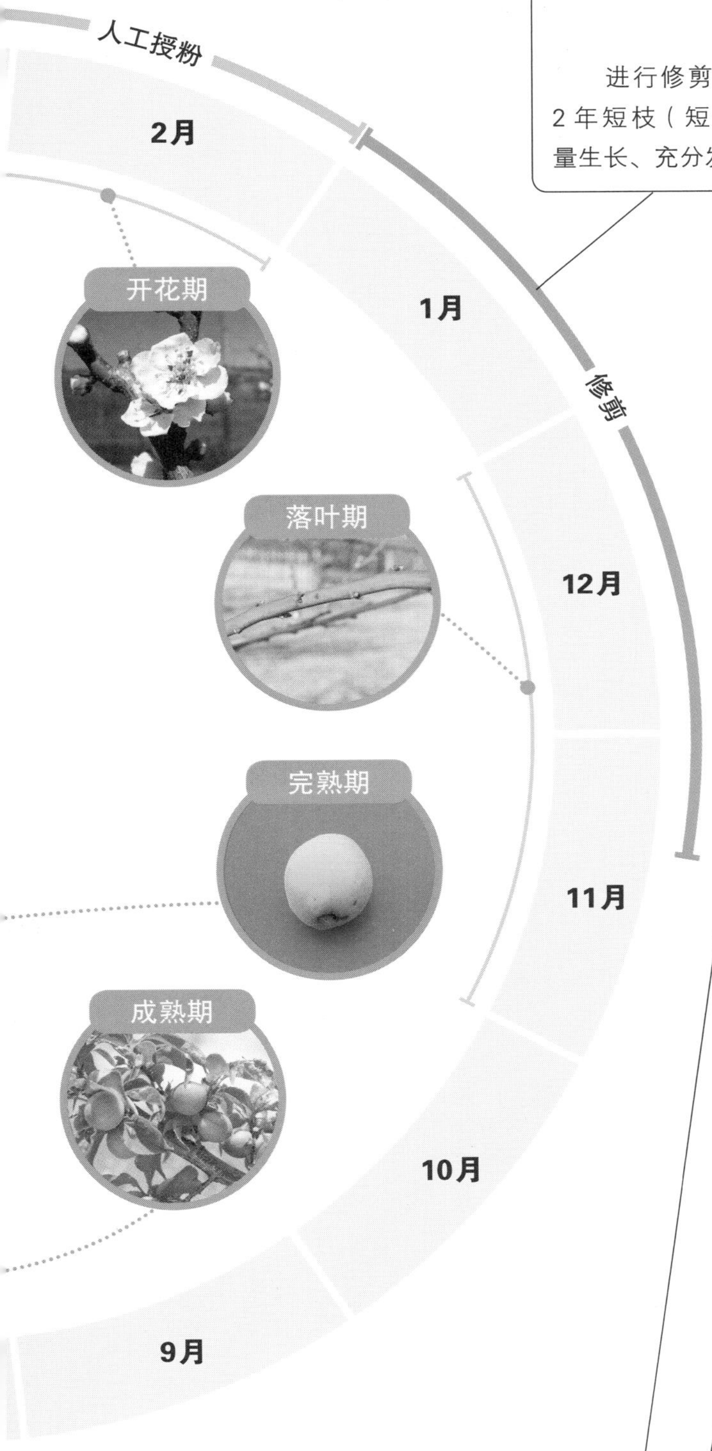

7 修剪（见 P46）

进行修剪有利于第2年短枝（短果枝）大量生长、充分发育。

6 采收（见 P45）

用于制作梅酒和果汁的，选青梅采收；用于制作梅干的，选熟透的黄梅采收。

5 扭枝（见 P44）

将枝扭转弯曲，成为可以结果的枝条。

4 疏枝（见 P43）

初夏时节进行疏枝，改善光照与通风条件。

1 人工授粉

2~3 月

受气候等因素的影响，蜜蜂等传粉昆虫不能很好地充当授粉者，会引起结果量下降。在需要促进结果的情况下，可进行人工授粉。在每年结果好的情况下，一般不用人工授粉。对于那些同一树种（品种）间不能授粉、不同品种间也不能授粉的品种，人工授粉没有意义。摘取正在开放的花，在不同品种的花朵上涂擦。应注意，刚开花的花药还未散开或花瓣散落的花，不能用于授粉。1 朵花大约能给 10 朵花授粉。

方法① 摘取花朵在需要授粉的花上直接涂擦

方法② 使用毛笔相互授粉

用干毛笔头触刷雄蕊，将花粉收集到小杯等容器中，用它给不同品种的梅花授粉。同样，在不同品种上进行同样的操作，也可以给刚开始结果的品种授粉。如此交互进行授粉，可以促进不同品种的梅树结果。

2 疏果

提升作业

4 月中旬 ~4 月下旬

➊ 梅，在花芽开始形成的 7 月之前，收获已经完成，即梅 7 月前已采摘收获完成，而花芽在 7 月开始形成。所以，即使当年结果过多，也几乎不会造成隔年结果的现象，疏果不是必须进行的操作。但是，要想收获个头大的果实，疏果还是有效的。

受伤的、小的、形状不好的果实要优先摘除。

➋ 在长度不足 5cm 的枝上，保留 1 个果实，其余的摘除。长枝要保证果与果的间隔在 5cm 左右，其余的摘除。

3 摘心 提升作业

4 月中旬 ~5 月上旬

摘心是为了控制枝不过分生长，以蓄积营养，更多地形成花芽，同时还有改善透光和通风的作用。

如果枝上着生有 10~15 个叶片，用手摘去其顶端的芽，防止其生长。在枝伸长之前进行效果更好。对于长枝，不用摘心，是要保证其顶端生长优势。

4 疏枝

5 月中旬 ~6 月

① 单靠冬天的修剪来控制枝的数量是很困难的，因此，在初夏时节也要进行剪枝。疏枝能改善通风透光条件，促进枝的发育和花芽的形成。

② 有多枝丛生的情形时，将枝从分叉处剪去。

③ 疏枝要间隔着剪，以保证叶片不相互重合为宜。如果是在枝的基部着生果实，不要剪去这种枝。

5 扭枝 提升作业

5 月中旬 ~6 月

❶ 将枝条扭转并横向压弯，使其第 2 年成长为结果枝，这一操作叫扭枝。在直立枝周围，结果枝较少，选择其中想让其在下一年度成为结果枝的枝条进行扭枝比较好。

❷ 用一只手抓住垂直向上生长的枝基部牢牢固定，另一只手一边扭转枝条使其变软，一边横向压弯。由于水平弯曲容易折枝，所以扭转、弯压是操作要点。

❸ 扭枝后，手离开枝条，枝条向与水平有一定角度的方向延伸，既起到抑制枝条生长的作用，也提高了其向结果枝转化的可能性。操作不当时会将枝条从基部折断。

6 采收

5 月中旬 ~7 月中旬

在采收期，轻轻地捏住果实，向上抬手，摘下果实。为了不使果实受伤，请仔细装入篮筐中。由于果实不耐高温干燥，保存时宜先装入塑料袋内，再放入冷藏库或冰箱的冷藏室内。

梅

用途不同，适宜的采收期也不同

如果用于制作梅酒和果汁，选取含果汁丰富的青梅。当果实停止膨大，表面的果毛脱落大半时是适宜的采收期。

如果用于制作梅干，选取馥郁芳香、果肉柔软的黄梅。当整树果实变黄成熟时摘取。

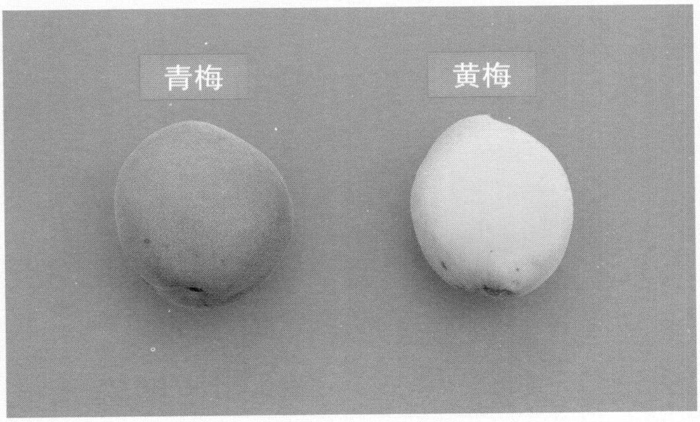

拾取落果也是一种收获方法

收获黄梅时，对于大树来说较为困难，可在树下铺一块苫布或网布，让果实自然落下后拾取，也可用杆子或棍棒敲击树干，使果实下落。但是，下落的果实因受到冲击，有受伤的可能，所以收获后要及早利用。

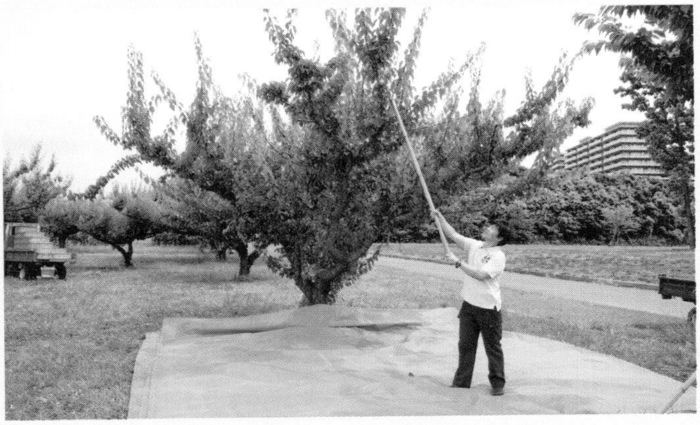

7 修剪

11 月下旬 ~ 第 2 年 1 月

■枝的生长方式与果实的着生位置

1 月下旬

纯花芽（见 P22）

花芽着生于整个枝条上。能够区分出花芽与叶芽。

大芽是花芽，小芽是叶芽。花芽只开花（结果），叶芽只抽枝长叶。1 个位置着生 1~3 个芽，A 处着生花芽和叶芽、B 处只着生花芽、C 处 2 个花芽间夹着 1 个叶芽。

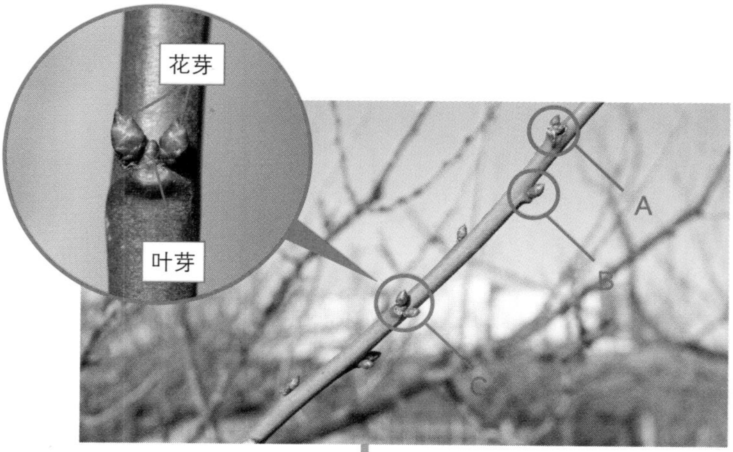

1 月下旬

每个枝上，先端是 1 个长枝（长果枝，长度在 30cm 以上）、上有 15 个左右的短枝（短果枝，长度在 10cm 以下），这是可延续的、理想状态的枝。修剪，是以维持这种平衡状态为目标，与枝的长短无关，也要以所有枝均匀着生花芽、叶芽为目标。

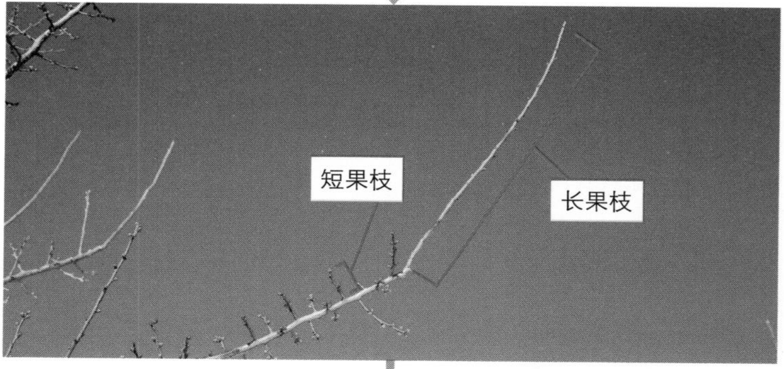

3 月上旬

花芽萌动并开花。因为叶芽比花芽萌发迟，开花时没有抽枝展叶。短果枝比长果枝开花早。长果枝不仅开花迟，而且多为没有雌蕊的不完全花，难以结实。

4 月中旬

从开花起大约 1 个月之后，开始抽枝展叶。枝上短果枝多，挂果结实好，而长果枝几乎不结果。总之，修剪时多保留短果枝为宜。另外，为了促使短果枝在第 2 年更多地产生，有必要将长果枝剪去（见 P48）。

■修剪的顺序

① 枝的顶端保留 1 个枝，其他分枝剪去
保留 1 个粗壮的枝条，其他的分枝剪去。

② 不需要的枝从基部剪去
将向上生长的长枝、过密枝等剪去。

③ 预留新枝
在老枝的旁边，预留用来更替老枝的新枝。

④ 长枝从顶端剪去大约 1/4 长度
为了促进短果枝发育，将长枝（长果枝）从顶端处剪去 1/4 左右。

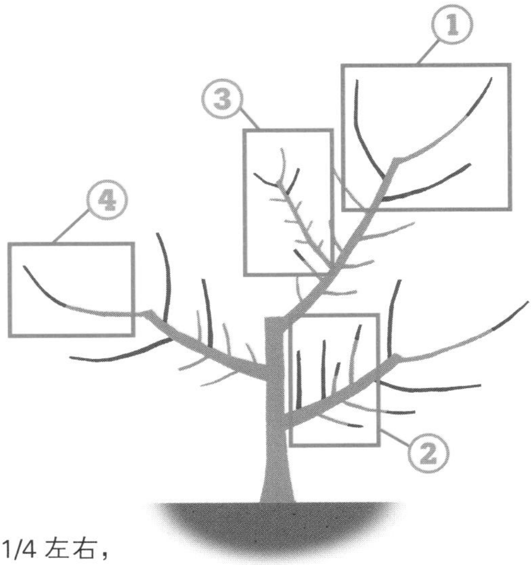

将长枝从顶端剪去 1/4 左右，
有利于短果枝的生长。

① 枝的顶端保留 1 个枝，其他分枝剪去

在枝的顶端，通常长出 2~4 个长枝，如果保留这些长枝，树形就会乱，树也难以管理。只保留枝延长线上生长的 1 个枝，其他的从分叉处剪去。再做如④的操作，剪去顶端。

疏除过密枝

30~70cm 的长枝（长果枝），枝间保留 30cm 左右的间隔进行疏剪。留下的长枝，为使其着生短果枝（10cm 以下），进行如④的操作，剪去枝的顶端。短果枝易于结实，尽量地保留。

② 不需要的枝从基部剪去

剪去长度超过 80cm 以上的枝

剪去直立生长的长枝

直立生长的枝超过 80cm，就难以着生短果枝，还搅乱树形，所以从其基部剪去。

③ 预留新枝

枝经过几年的持续生长结果，基部附近的短枝（短果枝）渐渐枯萎，产量开始降低。所以应预先在老枝附近，保留 1~2 个长枝（也进行如④的操作），作为更新备用枝预备着。1~2 年后，如果更新备用枝上已着生了许多短果枝，就可将老枝剪去，完成更替。

④ 长枝从顶端剪去大约 1/4 长度

步骤③中，留下的长枝从先端剪去大约 1/4 长度。应当注意：若剪去的枝少于 1/4 长度，留下的枝顶还能再抽出长枝；若剪截过长（留枝过短），会影响到着生于枝基部的短果枝数量。如果有操作经验，可根据所要修剪的枝粗度和角度，来判断剪枝的长度。

■修剪前后

经过修剪，枝的数量减少，通风良好。经过冬天的修剪，枝焕发青春，变得健壮。

■病虫害防治措施

病虫害名称	发生时期	症状	防治方法
黑星病	4~9月	在枝、果实上产生3mm左右的圆形黑斑，病斑中心变成灰色	一经发现，去除受害枝或果。喷洒杀菌剂，可以有效预防病害发生
溃疡病	4~9月	在枝、叶、果实上产生赤褐色斑点，与黑星病不同，病斑中心有凹穴和裂隙	一经发现，去除受害部位。喷洒杀菌剂，可以有效预防病害发生
蚜虫类	4~7月	吸食幼枝、嫩叶的汁液，造成其萎缩，还能诱发煤烟病(煤烟菌以蚜虫产生的排泄物为营养物质进行繁殖，污染枝叶和果实，使其发黑变污)	注意观察幼枝嫩叶，一旦发现蚜虫，捕杀或喷洒杀虫剂
介壳虫类	5~11月	吸食枝叶、果实的汁液，使树势变弱。其排泄物使枝叶、果实发黑变污	一经发现，立即捕杀。在12月~第2年2月，用牙刷等工具刷除越冬虫体或涂抹机油乳剂

黑星病

溃疡病

蚜虫类

介壳虫类

盆栽

将花期相近的2个品种分别用花盆栽培。

资料

■用土

推荐使用果树或花木用土。如果没有，可将蔬菜用土、沼泽土（小粒）按照7:3的比例混合均匀后使用。另外，在盆底铺3cm厚的碎石。

■栽植（花盆的大小：8~15号）

参见P10，推荐用比栽种棒苗更大的花盆。

■放置场所

从春到秋，放置在直射光照射时间长的地方，尽可能地放置在屋檐下等雨水淋不到的地方。冬天，放置在不低于－15℃的场所。

■浇水

与其他果树相比，该树耐旱性强，没有必要特别地控制浇水，如果盆土表面干透，就浇足水分。

■施肥

如果用8号盆（直径24cm），11月施30g油渣。第2年4月施10g、6月施8g复合肥。

■管理作业

参见P42~49。

以自然开心形树形为目标，每年定期修剪。

橄榄

资料	
科属名	木樨科，橄榄属
形态	常绿乔木
树高	2.5m 左右，最高 8m
耐寒气温	－12℃
土壤 pH	6.5~7.0
花芽	纯花芽
隔年结果	难

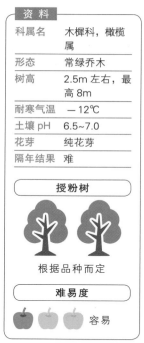

授粉树

根据品种而定

难易度

容易

施肥（庭院种植）

树冠直径不足 1m 的果树，在 3 月施油渣 150g，复合肥分别在 6 月施 150g、11 月施 30g。

栽培日历

	1月	2月	3月	4月	5月	6月	7月	8月	9月	10月	11月	12月
栽植		▬	▬									
枝的管理		修剪 ▬	▬									
花的管理					▬	开花、人工授粉						
果实的管理							疏果 ▬					
采收										▬	▬	
施肥			▬			▬					▬	

橄榄，作为庭院栽培树木也好、园栽果树也罢，都能带给人们种植乐趣

橄榄树以其泛着银光的叶色美而闻名。海外的意大利、日本的小豆岛是著名产地。生橄榄几乎不能上市（在市面上几乎看不到）。家庭种植，还可以享受到腌制与盐渍的加工乐趣。如果以榨油为目的，就选择果实中含橄榄油比率（含油率）高的品种。但是，即便含油率在 5%~30%，要得到 1 瓶橄榄油，需要的橄榄果实也是非常多的。

单株种植常结果不良，需要配置授粉树。即便是不需要授粉树的品种，也要同其他品种一起种植，结果会格外好。如果有授粉树时结果仍不好，要用毛笔等工具进行人工授粉。种植授粉树和人工授粉不是庭院种植橄榄所要求的，是果园栽培所必需的作业。结果过多，通过疏果，会带来第 2 年的丰收喜悦。

■品种

品种名称	树姿	授粉树	采收期		果实大小	含油率	特征
			10月	11月			
Manzanillo	开张型	需要			中	低	原产于西班牙，是世界范围内种植的常规品种。橄榄一般用于腌制和盐渍
Nebadiro	开张型	需要			中	中	原产于西班牙，花粉多，开花期易与其他品种授粉，所以常作为授粉树
Shipuresshino	直立型	需要			中	中	原产于意大利，直立向上生长，横向扩展性弱，易长成大树。果实圆形
Lucca	开张型	不需要			小	高	原产于意大利，抗病性强，易于栽培，但有隔年结果现象
Sevillano	开张型	需要			大	低	原产于西班牙，果实个大，卵圆形，用于腌制等，广受食者欢迎
Mission	直立型	需要			中	中	原产于美国，果实心形，果肉坚硬，用于盐渍。有隔年结果现象

注：开张型，枝横向扩展的形式。 直立型，枝竖直向上伸长的形式。

■栽植和整形修剪

第 1 年（栽植）

时期

2 月中旬 ~3 月

要点

喜好 pH 为 7.0 的中性且含钙量高的土壤。所以种植时在回填土中掺入镁石灰和腐殖质土。不同品种的树形不同，据此来决定所种植树的形状，并在附近种植授粉树。

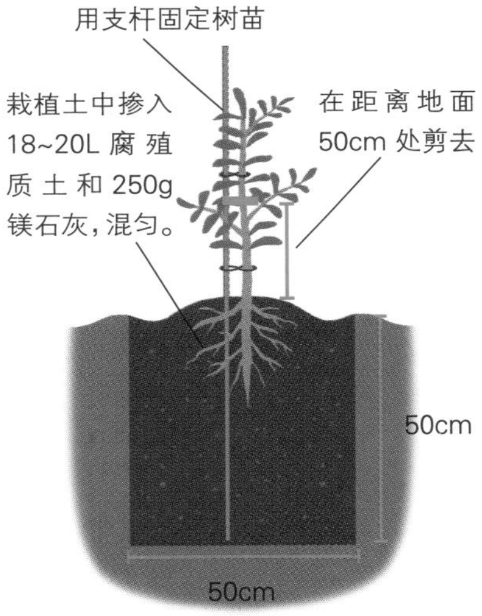

图中开张型品种 Manzanillo 的自然开心形形态（见 P11）。

直立型品种

开张型品种

第 2 年及以后（变则主干形树形）

直立型品种，若不想让树长得太高，要多剪截树顶。

第 2 年及以后（自然开心形树形）

开张型品种，从主干较低的位置剪截分枝，尽可能地使之长成横向开放的树形。

■管理作业与生育周期

要点

- ●在附近种植开花期相近的其他品种。
- ●根据果实用途和个人喜好来确定收获时期。
- ●易于产生分枝，通过疏枝来减少分枝。
- ●长枝，从枝端剪去 1/3~1/2。

4 修剪（见 P54）

修剪成紧凑株型。

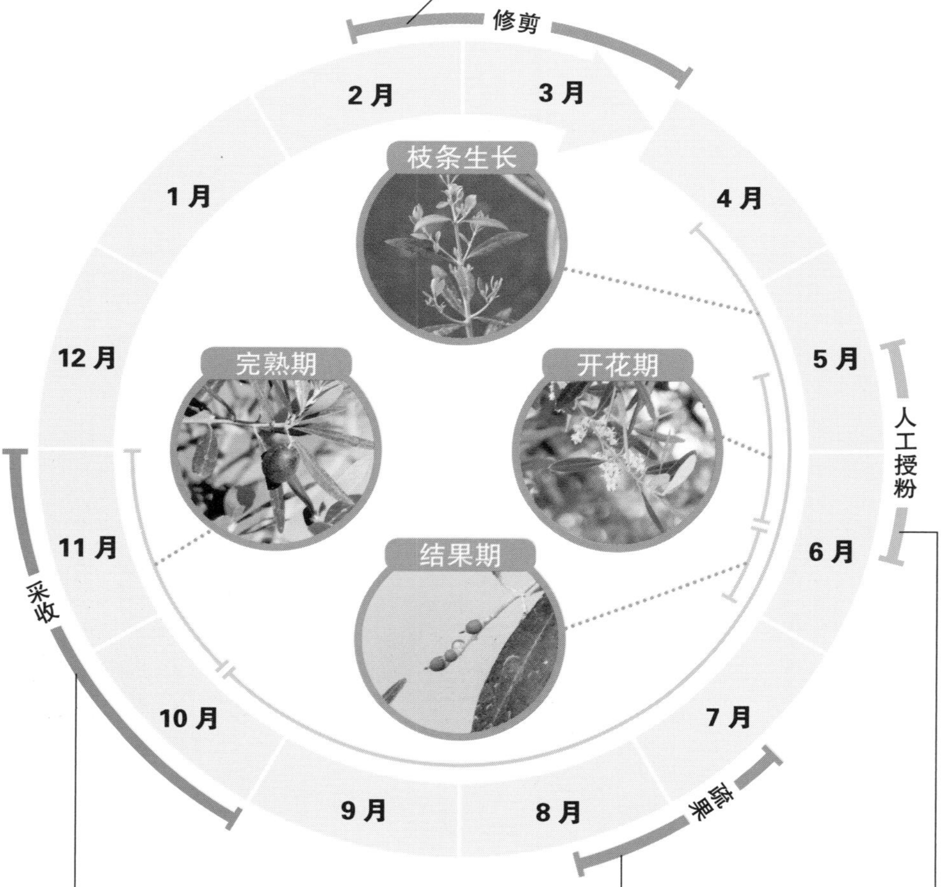

3 采收（见 P53）

根据果实用途，选择适宜的采收时期。

2 疏果（见 P53）

结果过多时，会影响到第 2 年的结果和收获，故应进行疏果。

1 人工授粉（见 P53）

结果不良（坐果率低）的情况下，用其他品种的花粉进行人工授粉。

1 人工授粉

5 月中旬 ~6 月中旬

① 花粉很轻，大多经风传播，完成授粉。每年在结果不良的情况下，要进行人工授粉。首先，在一个品种开花后不久，将它的花粉用干毛笔头等触粘，收集到杯中（花粉在刚开花时最多）。

② 将收集到的花粉涂抹在其他品种花的雌蕊上。同时，也把这个品种的花粉收集到杯中，用这个品种的花粉为另一个品种的花授粉。

2 疏果

7 月中旬 ~8 月中旬

当年结果过多，有时会导致第 2 年几乎不能结果（隔年结果），疏果可以有效地防止隔年结果现象的发生。

以结果枝的叶片数为标准，按每个果有 8 片叶供给营养来进行疏果。如左图，枝上有 32 片叶，疏果时留下 4 个果实，其他的用手摘去比较好。

3 采收

10~11 月

采收时期因果实用途和个人喜好而异。捏住果实，向下用力便可摘下。

结合果实用途和个人喜好来收获

A 绿色浓郁，采摘尚早。B~E 可以采摘收获。用于腌制、盐渍或喜欢吃有嚼头的橄榄，采摘类似于 B 的果实；喜欢吃馨香四溢、风味醇厚的橄榄，推荐采摘类似于 E 的果实。榨油用橄榄，采摘类似于 E 的果实。

4 修剪

2 月中旬 ~3 月

2 月下旬

纯花芽（见 P22）

花芽在枝的中间部位广泛分布，与叶芽难以区分。

虽然从外形上难以区分花芽与叶芽，但是花芽一般在枝的中间部位广泛分布，所以即使剪去枝的 1/3~1/2，仍有部分花芽留存。

5 月上旬

花芽发育产生大量的蕾，因为是纯花芽，其长出的枝上不着生叶片，现蕾之后开花。

6 月中旬

右图为正在结实的情形。每个结果处结 1~3 个果实。

下图是 3 月剪去 1/2 左右的枝生长到 10 月的状态，虽然修剪过，但还可以分清结实的情况。因此，强化这类修剪措施，可以积极主动地让修剪过的枝保持年轻状态，这是工作的要点。

枝剪去 1/2 长度后，到秋天后的生长状况

枝的生长方式与果实的着生位置

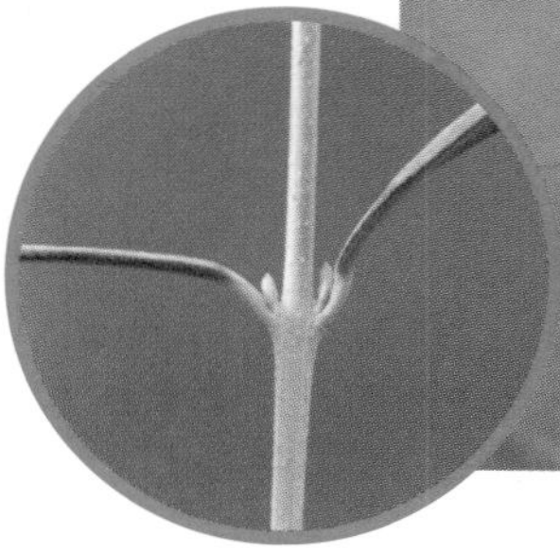

↓

开花

↓

修剪的顺序

① **对生的向左右伸长的枝，剪去其中一枝**
对生的两枝中，确定留下一侧的，剪去另一侧的枝。最好每侧间隔着剪。

② **过密枝的修剪**
对一个位置长出多个枝和过密枝的修剪。

③ **枝的先端剪 1/3~1/2**
为了使枝条生长充实，对 20cm 以上的枝条从顶端剪去 1/3~1/2。

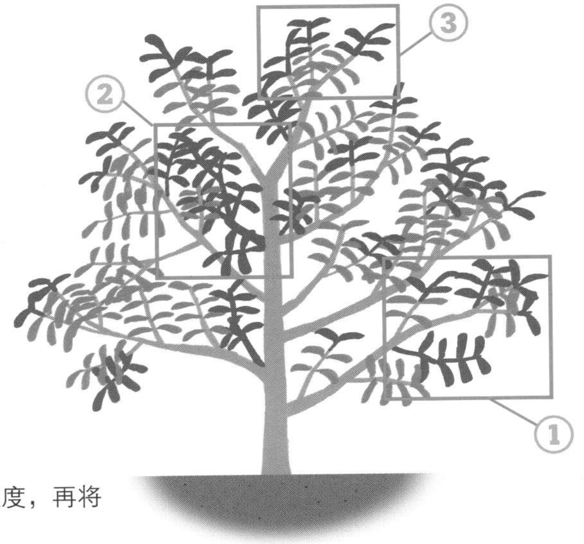

修剪到叶片不重叠的程度，再将长枝从顶端剪去 1/3~1/2。

① 对生的向左右伸长的两枝，剪去其中一枝

❶ 两叶对生，叶芽着生于叶腋处，由此长出 2 个枝条。这是很常见的，但也是造成枝叶混杂的原因。

❷ 对生枝左右间隔着疏去一侧的枝，疏枝可以改善通风透光条件，促使留下的枝条生长健壮。

② 过密枝的修剪

❶ 除前面的情况以外，在有多个分枝的情况下，也要修剪，以改善通风条件。交叉枝和平行枝是需要优先剪去的枝条。

❷ 如果骨干枝（主枝、亚主枝）上的分枝太多，每个枝条变细变弱，且通风透光不良，因此要进行疏枝。

③ 枝的先端剪 1/3~1/2

20cm 以上的枝条，从枝的先端剪去 1/3~1/2。剪截后可以使枝条生长充实，树势增强。花芽在枝条的中间部位广泛分布，因此不必担心因修剪而影响花芽的数量。

修剪前后

对比修剪前后图片，可见剪去的枝叶量占剪前枝叶总量的10%~30%。

病虫害防治措施

病虫害名称	发生时期	症状	防治方法
炭疽病	7~11月	果实上产生褐色斑点，病斑逐渐扩大凹陷	一经发现，立即去除受害果实
白纹羽病	6~10月	造成果树异常落叶，整树枯死。靠近地面的根及树干上发现有白色菌丝	若树势开始衰弱，挖掘根部，观察是否有白色菌丝，如果有，用杀菌剂消毒土壤
橄榄象鼻虫	4~11月	幼虫侵食树干内部，并羽化为成虫飞出来	一经发现，立即捕杀。6~7月羽化高峰期，要特别注意
天蛾类	5~10月	幼虫蚕食叶片，可将整株叶片吃光	一经发现，立即捕杀。应注意其危害的速度很快

盆栽

最近，为了满足人们对橄榄栽培的需要，橄榄专用土与橄榄专用肥在日本市场上都有销售，可以直接买来加以利用。

资料

■用土

推荐使用橄榄专用土。如果没有，可以将蔬菜用土、沼泽土（小粒）按7:3的比例再加1把镁石灰（25~35g）混合均匀后使用。在盆底铺3cm厚的碎石。

■栽植（花盆尺寸：8~15号）

参见P10，推荐选用大花盆。

■放置场所

从春到秋，放置在屋檐下等雨水淋不到的地方，并逐步向直射光照射时间长的地方转移。冬天，放置在不低于−12℃的场所。

■浇水

根系格外喜欢水，如果盆土表面干燥，应浇足水分，但开花期不需要浇水。

■施肥

如果用8号盆（直径24cm），在3月施30g油渣，6月和11月分别施10g、8g复合肥。

■管理作业

参见P53~57。

Shipuresshino的盆钵栽培，直立型株型，不横向扩展。

柿树

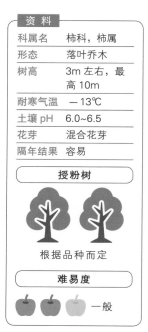

资料	
科属名	柿科，柿属
形态	落叶乔木
树高	3m 左右，最高 10m
耐寒气温	－13℃
土壤 pH	6.0~6.5
花芽	混合花芽
隔年结果	容易

授粉树

根据品种而定

难易度

一般

施肥（庭院种植）

对于树冠直径不足 1m 的果树，在 2 月施渣 150g，复合肥分别在 6 月施 45g、10 月施 30g。

栽培日历

	1月	2月	3月	4月	5月	6月	7月	8月	9月	10月	11月	12月
栽植	■	■	■	（严寒期除外）							■	■
枝的管理	■	■	■ 修剪				■	■	疏枝、扭枝			
花的管理				疏蕾 ■	■ 开花、人工授粉							
果实的管理						疏果	■	■	套袋			
采收										■	■	
施肥		■				■				■		

柿树是代表日本秋色的家庭果树

自古以来柿树就是广为栽培、极具代表性的家庭果树。其品种有很多，超过 1000 个。大致分为甜柿和涩柿两类，即使是甜柿，着色前也是发涩的，随着成熟才逐步脱涩。气温低的情况下，甜柿也难以脱涩，所以建议在寒冷地区种植涩柿。

柿树的结果年和不结果年交替，是“隔年结果”很强的树种，当年结果过多，会造成树势减弱和第 2 年产量锐减，所以，7 月通过疏果，可以减少果实数量，来保证第 2 年有较多的收获。因花芽着生在枝的顶端附近，如果修剪时剪去所有的枝端，就不能结果，所以必须注意。

果实不结种但可结实的品种和开放大量雄花的品种不需要授粉树；果实不能结种、没有雄花（或雄花很少）的品种，需要在其周围种植开雄花的品种作为授粉树。

■品种

	品种名称	授粉树	雄花的多少	不能结种但能结实的属性	采收期 10月						采收期 11月						单果重/g	特征
甜柿	太秋	不需要	多	低							■	■	■	■			380	果大味好的新品种。若人工授粉，可结更大的果，倾向于需要授粉树
	次郎	不需要	无	高							■	■	■	■			280	结实好口味甘甜。特征是果实上有十字形的沟
	禅寺丸	不需要	多	低									■	■	■	■	150	常规的授粉树，可为“正月”“附子”等品种授粉
	富有	需要	极少	低									■	■	■	■	280	无论从感观上还是口味上都是出类拔萃的品种，晚熟，霜降前收获
涩柿	平核无	不需要	无	高					■	■	■	■					230	涩柿的常规品种，极不易结种，极易脱涩，是推荐栽植品种
	富士	需要	无	低					■	■	■	■					350	有百目、蜂星等别名。果实大，倾向于用来做柿饼

■栽植与整形修剪（变则主干形树形）

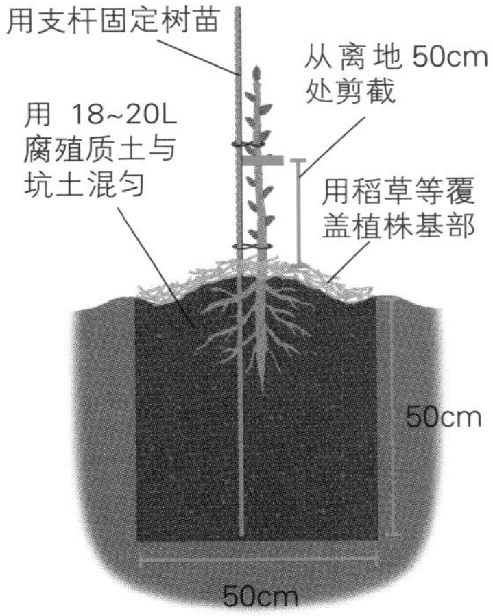

第 1 年（栽植）

时期

11 月 ~ 第 2 年 3 月（严寒期除外）

要点

选择光照与水源条件好的场所，种植要稍浅，浇足水分。为防止干燥，用稻草等覆盖在植株的基部。因根不耐旱，从盆中拔出后要马上移栽。

柿树的变则主干形树形（见 P11），枝横向扩展。

第 2~3 年

30cm 以上的枝，从枝端剪去 1/3 左右，以促进枝的生长。

第 4 年及以后

树顶端剪截，以降低树高。

■作业与生育周期

要点

- 为了不发生隔年结果现象，要进行疏果。
- 需要授粉树的品种，请在附近种植其他不同的品种。
- 因根不耐干旱，夏天如果连续两周没有降雨，即便是庭院种植，也要浇水。

1 疏蕾 （见 P62）

通过摘除花蕾，防止养分流失。

2 人工授粉 （见 P62）

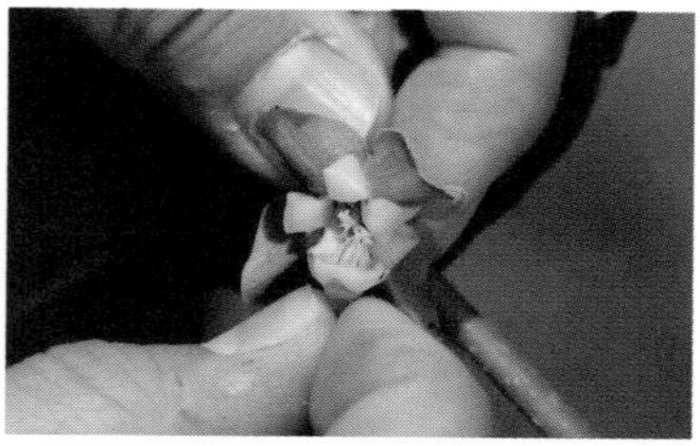

每年，在结果不良的情况下进行人工授粉。

3 疏果 （见 P63）

因会影响到第 2 年的产量，所以必须进行疏果操作。

4 套袋 （见 P63）

为使果实美观，需要进行套袋操作。

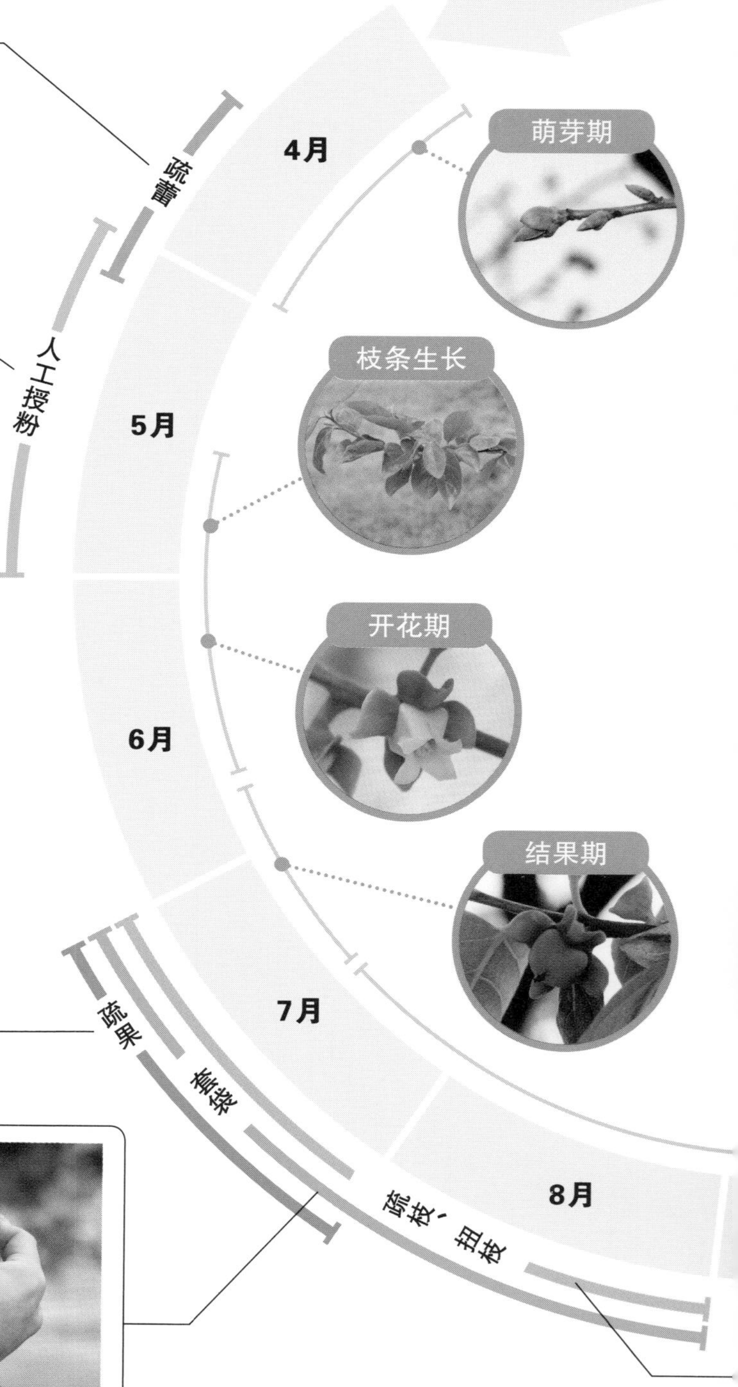

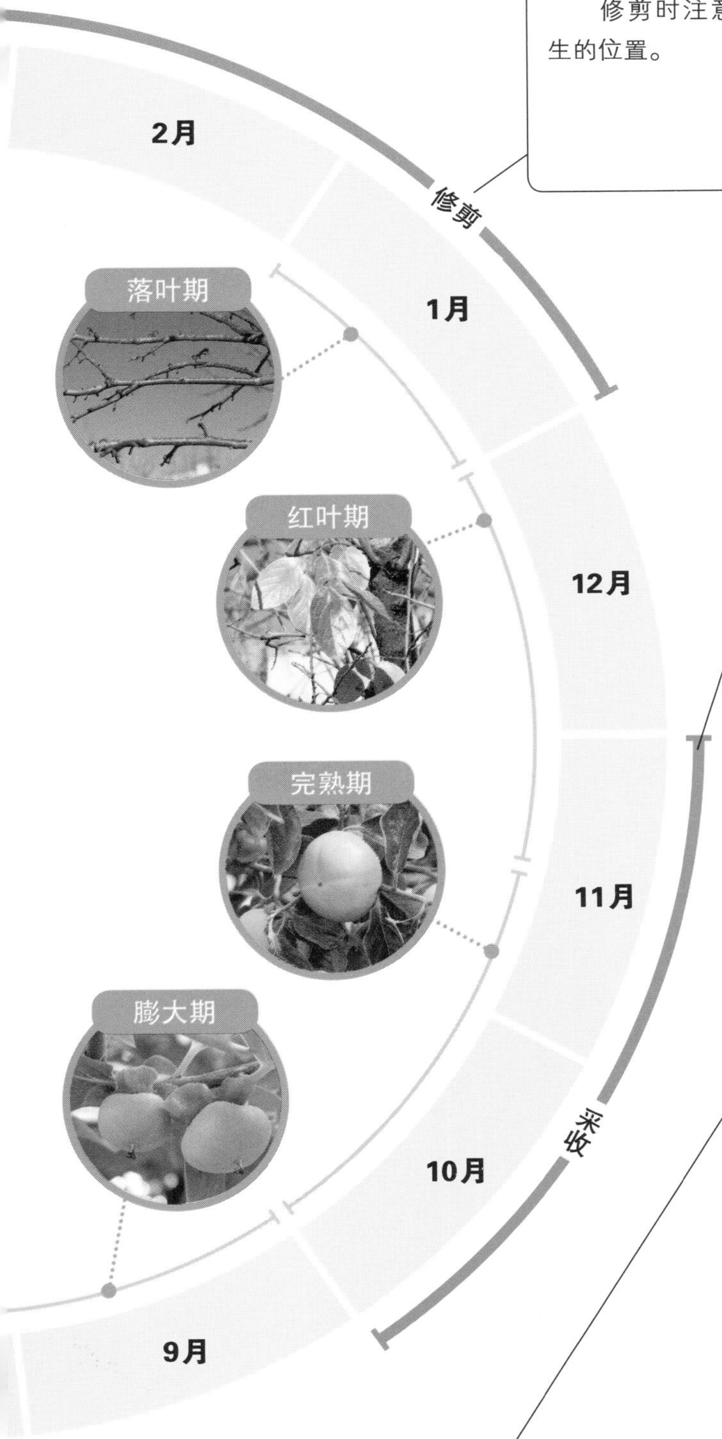

8 修剪 （见 P66）

修剪时注意花芽着生的位置。

7 采收 （见 P65）

采收时注意不要使果实受伤。

6 扭枝 （见 P64）

将枝条拧转弯曲，使其成为可利用的结果枝条。

5 疏枝 （见 P64）

通过疏枝，改善通风透光条件。

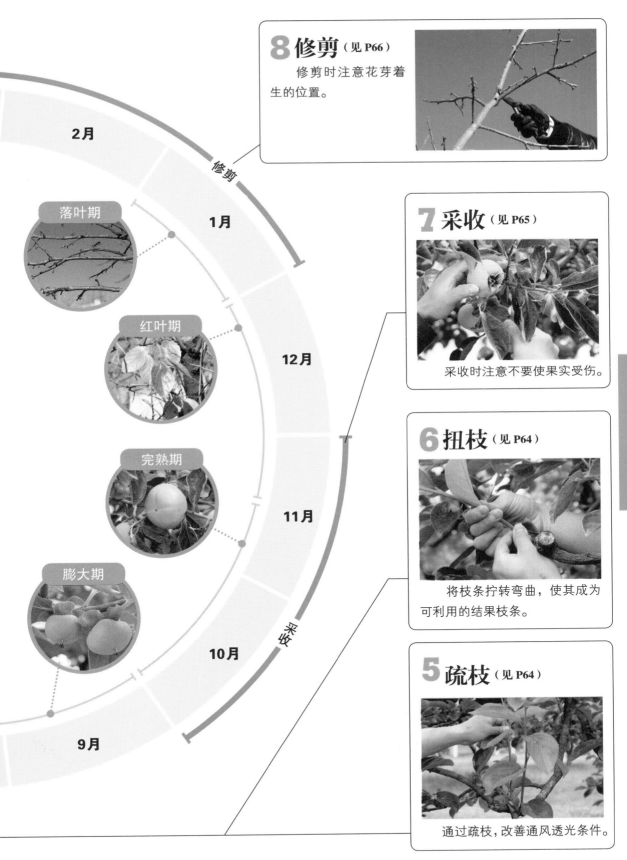

1 疏蕾

4 月中旬 ~5 月上旬

非必须作业，但在开花前将雌花的蕾摘去，可以减少养分消耗，从而可以收获个头大的果实。另外，还可以防止隔年结果现象的发生。通常，1 个枝上着生 0~5 个蕾，要保证雌花的花蕾每枝保留 1 个，其余的全部摘去，雄花不用摘蕾。

2 人工授粉

5 月

雄花　吊钟形的小花，每处着生 2~3 朵，花萼也小。

雌花　每处着生 1 朵花，花萼很大，几乎将花瓣覆盖。

方法① 将花粉捻落到指甲上

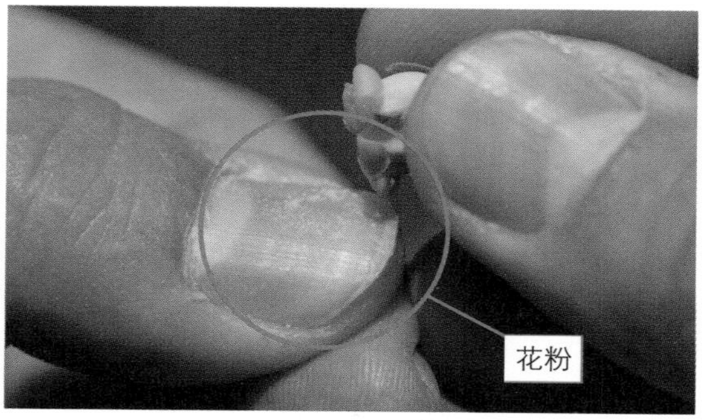

① 许多品种不需要人工授粉也能结实，但对于坐果不良的品种和不结种就不能脱涩的甜柿来说，通过人手将雄花的花粉抹在雌蕊上也是好的方法。

摘取雄花，轻轻揉搓，使花粉落在指甲上。

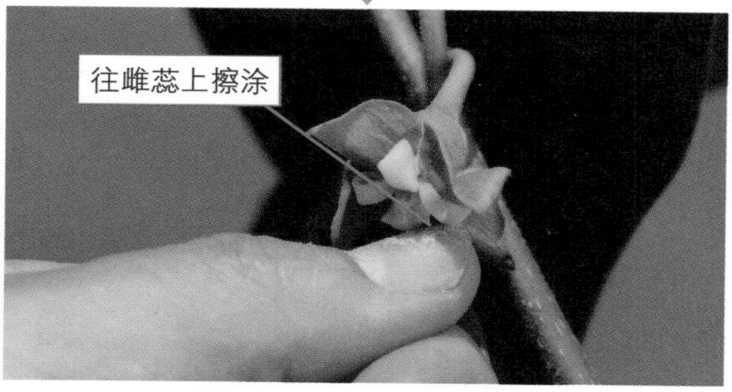

② 将落在指甲上的花粉涂擦到需要授粉的雌花蕊上。

方法② 用雄花直接涂擦

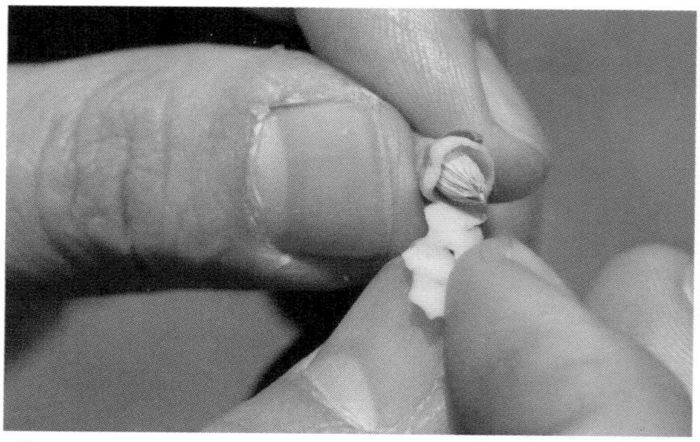

① 摘下雄花，取下花瓣，使雄蕊露出。

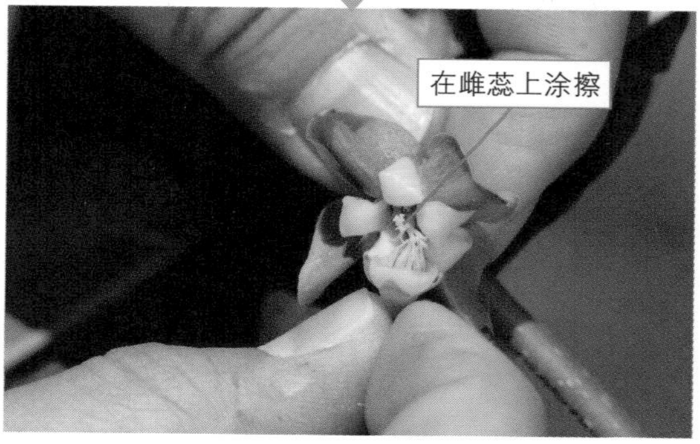

② 用雄蕊直接在雌花的雌蕊涂擦。

3 疏果

7 月

① 疏果，可以防止当年结果过多，预防隔年结果现象的发生。另外，还可以增加个头大、品质好的果实收获量。疏果看着可惜，但不疏果更浪费。

首先，在保证 1 枝 1 果的前提下，摘去有伤的、小的、不均匀的果实。底部朝上的果实，容易受日照灼伤，也要摘除。

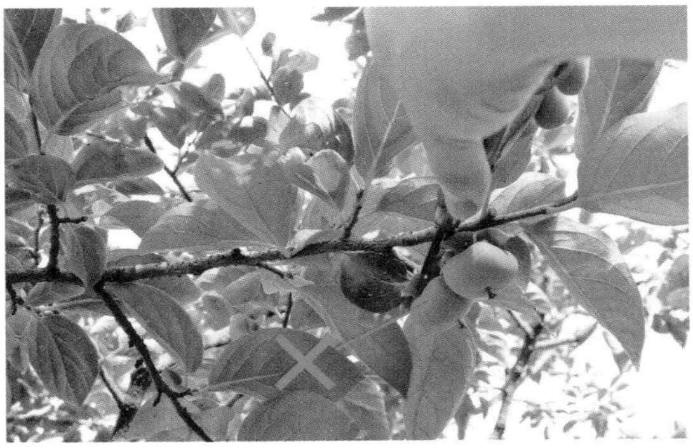

② 1 枝 1 果，若果实还是太多，便要进一步疏果。指标是按 25 片叶供给 1 个果实来进行疏果。若是大树，不可能数清所有的叶片数，这只作为一个参考的原则和标准。如果按右图中的比例进行疏果，就能收获大而甘甜的果实。此外，还要考虑第 2 年的收获量不能减少，因此疏果是一定要做的。

4 套袋 提升作业

7~8 月

为了防止病虫害及风等自然灾害对果实的侵蚀和伤害，在疏果后的 7~8 月，用市面上购买的果袋为果实套袋。为防止水及害虫的侵入，用果袋上自带的铁丝牢牢扎口固定。柿子大多果梗（附着果实的轴）较短，可直接将铁丝卷到果枝上。

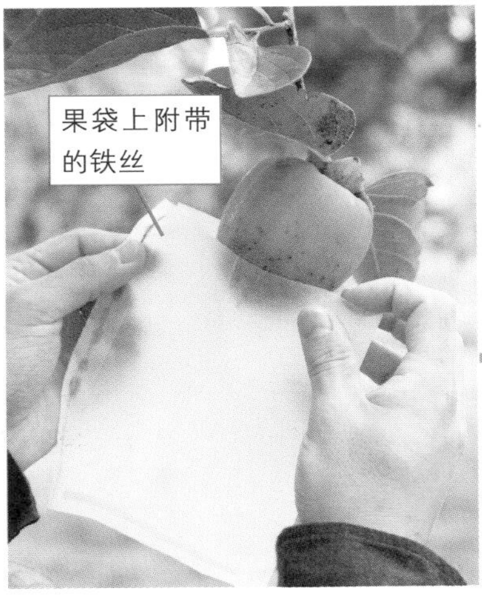

柿树

提升作业

5 疏枝

7~8 月

疏枝可以改善通风透光条件，还可以控制病虫害的发生，有利于果实着色和第 2 年成花。在不坐果的枝中，把挨得近的、叶片混生重叠的枝从基部剪掉。

提升作业

6 扭枝

7~8 月

① 直立生长的枝容易长得太粗太长，导致第 2 年不易着花。一方面，将直立生长的枝在其长粗长长之前进行扭枝，并横向弯曲，在第 2 年成长为结果枝，这种操作叫作扭枝。

② 直立生长的枝，用一只手握住枝的基部，另一只手拧扭枝条使之变软，并横向弯曲。但水平弯曲过度会造成折枝，因此边扭（旋转）边使之弯曲是操作要点。

③ 扭枝之后的枝。手离开枝条，枝仍能保持横向的一定角度不变，由此控制其生长的方向，提高其向结果枝转变的可能性。如果扭枝失败，可将枝从基部剪去。

7 采收

10~11 月

果实变为橙色，即可用剪刀剪下收获。如果果轴留得过长，采摘后容易扎伤其他果实，所以要用剪刀再次剪轴（2 次剪）。但“富有”等晚熟品种，如果霜降前不收获，果实易受霜害。

使用高枝剪很方便

采摘高处的果实，用高枝剪很方便，只要剪断结果枝就可以，因为当年的结果枝在第 2 年难以再结果，所以剪去不会碍事。用涩柿做干柿（柿饼）时，采摘时果枝留长点便于吊挂。

用于做干柿的柿子收获时带枝采摘

脱涩

涩柿收获后要进行脱涩处理。脱涩有多种方法，现只介绍简单易行的2种方法。另外，一点不涩的甜柿，也同样能进行脱涩。

■干柿（柿饼）

采摘时，稍稍多保留一段枝便于用绳子吊挂柿子。削去果皮，用绳子系住带残枝的柿子，绳子的另一端系在如天平状的晾物杆上，放置在通风良好、雨水淋不着的屋檐下，放置 1~2 个月进行脱涩。

■酒精脱涩

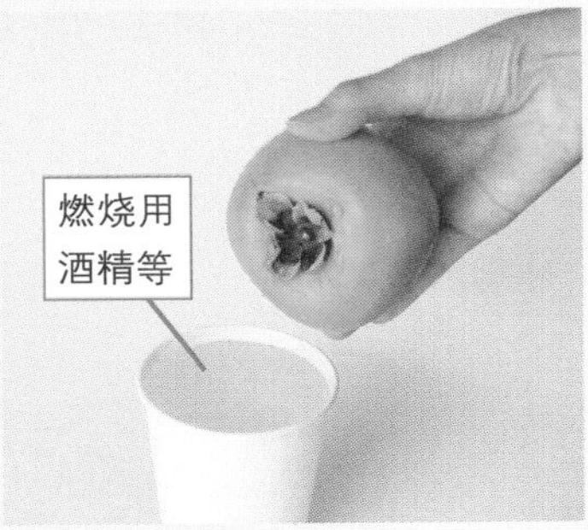

将果实带果蒂的一面浸入燃烧用（高浓度）酒精中，瞬间取出，装入塑料袋中，抽出空气，放置在冷暗处密闭保存 1~2 周进行脱涩。

柿树

8 修剪

1 月 ~3 月上旬

■枝的生长方式与果实的着生位置

2 月上旬

混合花芽（见 P22）

枝顶端着生的 1~3 个芽为花芽，花芽比叶芽大，但不易区分。

右图中的枝，其顶端的芽是花芽，冬季修剪时若在 A 处剪截，花芽会被剪去，造成第 2 年的秋天不能结果。

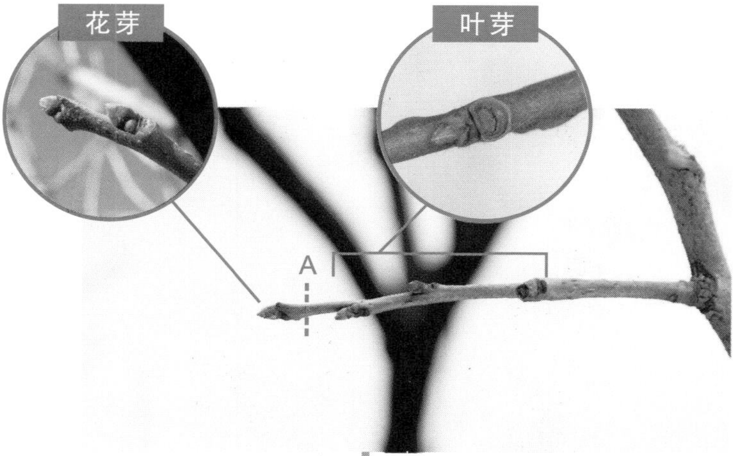

4 月中旬

通常，枝顶端的 3~7 个芽萌发。如右图中的枝是由先端的 3 个芽长出的，只有顶端花芽长出的枝着生花蕾。

5 月中旬

由花芽长出的枝在其叶腋处着蕾开花，叶芽长出的枝不开花。通常，如果不进行疏蕾，每枝上有 1~5 朵花。右图中的枝，只在枝顶端开 1 朵花。

9 月下旬

最后一幅图是接近收获时的情形。果实停止膨大，开始着色。可以看出，如果从 A 处剪截，就不能结实。柿树的修剪，如果对所有的枝都剪去顶端，花芽就都会被剪去，因此只选取作为骨干枝（主枝、亚主枝）的先端和长枝进行修剪为好。还有，当年不能结果的枝在第 2 年仍不结果的比例是很高的，在能够确定其为发育不良的枝条后，可从枝端剪去 1/3 左右。

修剪的顺序

① 顶端的枝只保留 1 个，其他的剪去
选健壮的枝保留 1 个，其余的剪去。

② 不需要的枝从枝基部剪去
剪去过密枝、平行枝等不需要的枝。

③ 剪去老枝，以新发的枝替代
剪去老枝，以其附近发出的新枝替代。

④ 长枝从枝端剪去 1/3 左右
骨干枝、长枝从枝端剪去 1/3 左右。

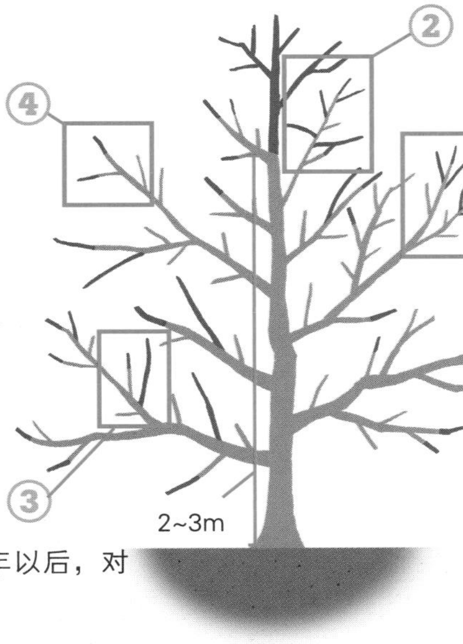

柿树容易长成大树，在第 4 年以后，对树的顶端要重截，以降低树高。

① 顶端的枝只保留 1 个，其他的剪去

修剪首先从作为骨干枝的粗枝（主枝、亚主枝）顶端开始。树顶端通常有2~4个粗枝，如果都保留，会长成树形散乱、难以管理的树。因此只选择其延伸线上径直生长的1个保留，其余的枝从基部剪去。

枯枝

将枯枝从基部剪去。如果从外观上无法判断其是否为枯枝，可稍剪截一段枝，从剪口的颜色进行判断。

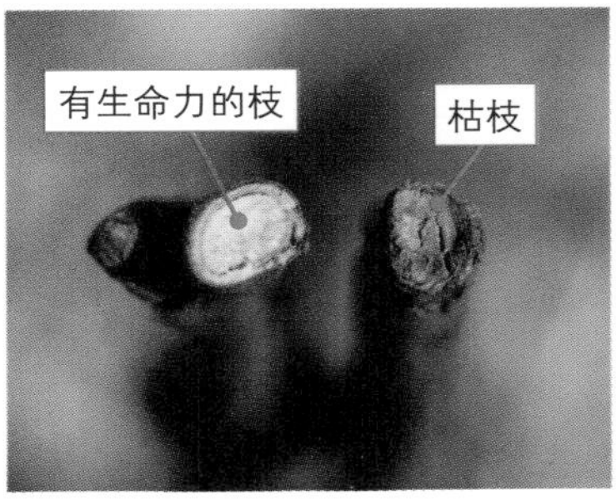

② 不需要的枝从枝基部剪去

过密枝、平行枝、枯枝等优先剪去，剪掉枝的量为枝总量的 1/3~1/2。

③ 剪去老枝，以新发的枝替代

连续多年结果的老枝，其附近难以长出新枝，只在老枝的顶端结果。因此，将老枝从着生部位剪去，让其周围发出新枝来替代。如果新枝直立生长，用绳子系住，拉成一定的角度，诱导其沿一定的方向生长。

主枝、亚主枝的顶端

主枝、亚主枝的顶端，具有使枝延伸、变粗和集聚营养的作用，为了不让它在第 2 年结果，从枝端剪去 1/3 左右，一般在外芽之上 3mm 处短截。

30cm 以上的长枝

30cm 以上的枝，枝的伸长要消耗大量的养分，因其第 2 年不能结果，所以从枝端剪去 1/3 左右。50cm 以上的枝从枝的基部剪去。

当年的结果枝

当年的结果枝，因结果而消耗了大量的养分，第 2 年就不能结果，所以，将其尖端剪去，可促进枝的生长。

④ 长枝从枝端剪去 1/3 左右

通过短截，第 2 年的枝变得粗壮而集聚营养。但是，从枝的生长方式与果实的着生位置（见 P66）可看出，剪过的枝（由此而新发的枝）在第 2 年未必结果，因此不要针对所有的枝进行短截。通过①～③修剪后留存的枝，再将骨干枝、长枝的枝端剪去 1/3 左右。

■病虫害防治措施

病虫害名称	发生时期	症状	防治方法
炭疽病	6~9月	在枝、叶、果实上出现变黑凹陷病斑，严重时出现落果现象	一经发现，去除受害部位，通过喷洒杀菌剂可以有效预防
叶枯病	6~9月	叶片上产生红褐色病斑，四周色深，黑色轮状，严重时出现落叶现象	一经发现，去除受害部位。树势弱时容易发生，所以通过修剪等培育健壮树木
柿蒂虫	6~9月	在芽、枝、果实上发现虫粪。幼虫侵入果实内部，造成果实离蒂、落果	只要发现幼虫，马上捕杀。在12月~第2年2月，通过剥树木主干与主枝的老翘皮，捕杀越冬幼虫
介壳虫类	5~11月	吸食枝、果实的汁液，使树势减弱。其排泄物落在枝、叶、果实上，使之发黑变污(煤烟病)	一经发现，马上捕杀。在12月~第2年2月用牙刷等刷去越冬虫体

叶枯病

柿蒂虫

介壳虫类

盆栽

可以培育成适于庭院种植的大树，也可以培育成适于盆栽的小型紧凑型植株。

资料

■用土

推荐使用果树、花木专用土。如果没有，可将蔬菜用土、沼泽土（小粒）按照7:3的比例混合均匀后使用。另外在盆底铺3cm厚的碎石。

■栽植（花盆尺寸：8~15号）

参见P10，推荐选用大苗用盆。

■放置场所

从春到秋，放置在直射光照射时间长、屋檐下等雨水淋不到的地方。冬天，放置在不低于－13℃的场所。

■浇水

根耐旱性差，浇水十分重要。盆土表面干燥时，要马上浇足水分。夏天缺水，会造成果实脱落。

■施肥

如果用8号盆(直径24cm)，在2月施30g油渣，6月、10月分别施10g、8g复合肥。

■管理作业

参见P62~69。

庭院种植时，也可以单用盆栽柿树作为授粉树。

柑橘类

资料

科属名	芸香科，柑橘属，金橘属，枸橘属
形态	常绿乔木
树高	2.5m 左右，最高 10m
耐寒气温	−7℃ ~ −3℃（因种类而异）
土壤 pH	5.5~6.0
花芽	混合花芽
隔年结果	容易

授粉树

不需要

难易度

一般

施肥（庭院种植）

树冠直径不到 1m 的树，2 月施油渣 300g，6 月和 11 月分别施复合肥 45g。

栽培日历

	1月	2月	3月	4月	5月	6月	7月	8月	9月	10月	11月	12月
栽植		■（下旬）	■									
枝的管理	防寒措施	防寒措施（上旬）/ 修剪（下旬）	修剪									防寒措施
	除刺（周年）	除刺（周年）	除刺（周年）	除刺（周年）	除刺（周年）	除刺（周年）	除刺（周年）	除刺（周年）	除刺（周年）	除刺（周年）	除刺（周年）	除刺（周年）
花的管理					开花、人工授粉							
果实的管理								疏果、套袋				
采收											采收（柠檬）	采收（柠檬）
施肥		■				■					■	

注意寒冷和坐果太多

所谓柑橘类，就是指芸香科中的柑橘、金橘、枸橘这三个属，它们有数不清的种类、品种。其采收期和大小、色泽、形状、味道等各式各样，或是生吃，或是做菜用。近来受欢迎的是橘橙类，易剥皮，还兼有橙子类香味。“不知火”（商品名：凸甜橘）作为代表，还有“晴海”“濑户火”等新品种也上市了。

即使是培育 1 株也能结实很好，初学者也能轻松地培育，不过有需要注意的要点。总的来讲，不耐寒冷，即使是最耐寒的柚子，当温度降到 −7℃以下时枝叶也开始干枯。在寒冷地区采用盆栽，冬天时搬到屋内即可。另外，如果当年坐果太多，到第 2 年的产量就骤减，所以夏天的疏果就成为很重要的作业。所有柑橘类的采收以外的管理作业大体都一样。

■品种

种类	品种名称	耐寒气温/℃	采收期										单果重/g
			8月	9月	10月	11月	12月	1月	2月	3月	4月	5月	
香橙类	酸橘	-6											20
温州蜜橘	宫川早生	-5											130
柠檬	里斯本	-3											130
金橘类	缘圆	-5											12
柚子类	土佐柚子	-3											400
杂柑类	红甘夏	-3											350

■栽植和整形修剪（自然开心形树形）

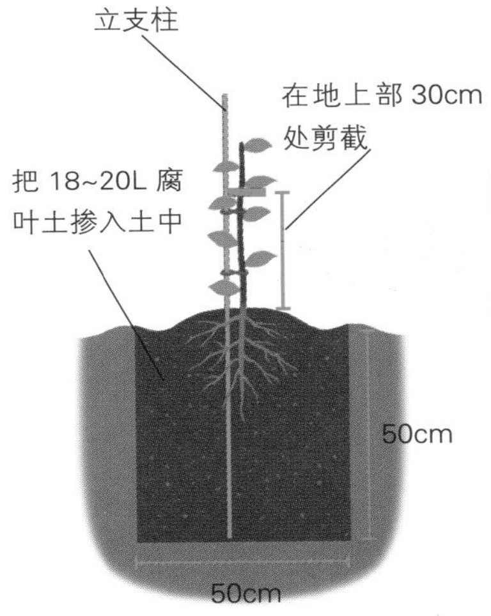

第 1 年（栽植）

时期

2 月下旬 ~3 月

要点

为了避免栽植时受伤，在寒冷地区不要早栽，可在 3 月下旬栽植。要注意嫁接部位以上的部分如果被土埋住，会从接合部分长出根，使结实变差。

修剪成自然开心形（见 P11）的柠檬

第 2 年

留下成为骨干的 3 个枝（主枝），把其余的剪掉。留下的枝短截 1/3~1/2。

第 3~4 年以后

成为骨干的 3 个主枝尽量均衡地横向展开，以控制树高。

■作业与生育周期

※ 除采收期以外几乎所有的柑橘类都基本相同

要点

- 根据耐寒性和采收期等，选择与环境相适应的种类、品种。
- 如果在寒冷地区用盆栽，要设法安排好冬天的放置场所。
- 因为容易发生隔年结果现象，所以必须疏果。
- 通过修剪减少 10%~30% 的枝。

1 除刺 （见 P74）

为了不损伤枝叶和果实，一旦发现有刺长出就除掉。

2 人工授粉 （见 P74）

在结果不好的情况下实行。

3 疏果 （见 P75）

当年结果过多会影响到下一年的产量，所以必须实行疏果。

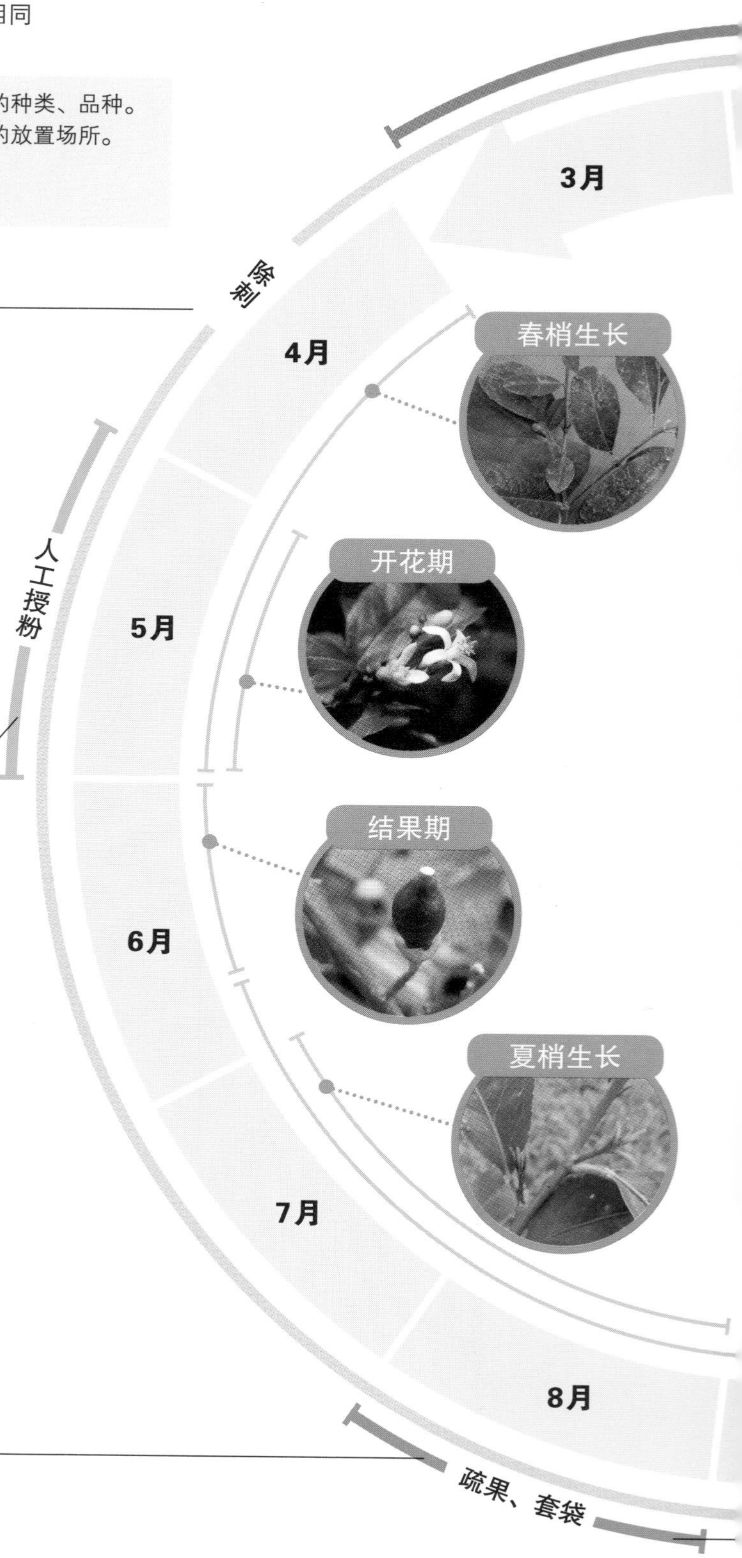

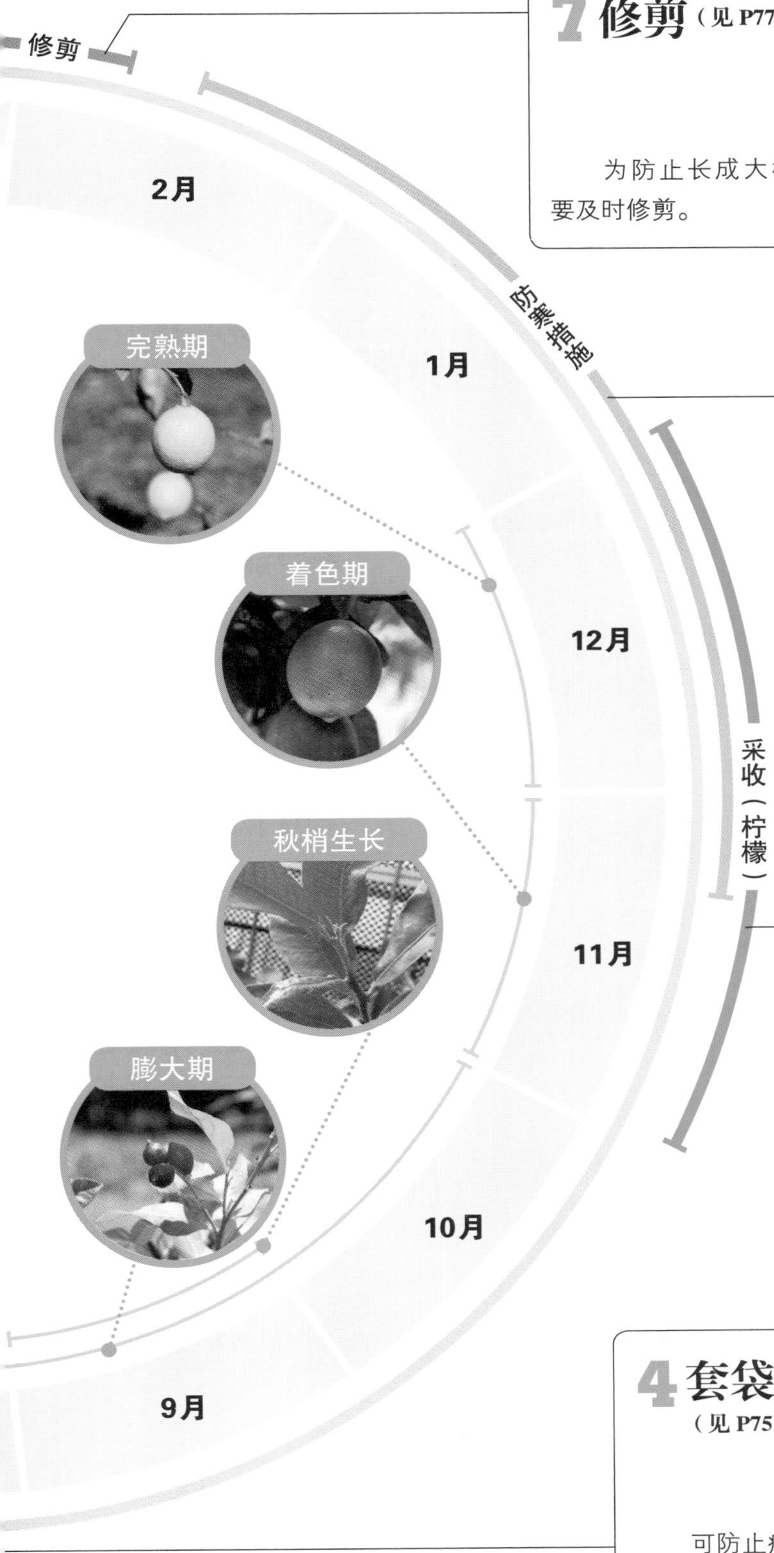

7 修剪 （见 P77）

为防止长成大树，要及时修剪。

6 防寒措施 （见 P76）

因为不耐寒，所以要采取防寒措施。

5 采收 （见 P76）

把完熟果实依次采摘下来。采收期由于种类和品种不同而异。

4 套袋 （见 P75）

可防止病虫为害果实。

1 除刺

全年

根据果树种类不同，长刺的部位不同。有的在叶基部有刺，不但使人头痛，还会损伤枝叶和果实，因此一旦发现就应除去。除去刺对树的生长发育无影响。

2 人工授粉

5 月

通过蜜蜂等昆虫和风可完成授粉，但是有时受天气和栽植场所的影响而不能授粉。

每年结实不好时，用干的毛笔等在同一朵花中的雄蕊和雌蕊上相互涂抹。柑橘类不需要授粉树，温州蜜橘等无种子的品种不需要人工授粉。

完全花和不完全花

正常的花（完全花）在花瓣的内侧有很多的雄蕊，在中心有正常的雌蕊。但由于营养状态和寒冷等原因会出现雌蕊不正常的花（不完全花）。因为不完全花不结果，所以没有必要进行人工授粉。

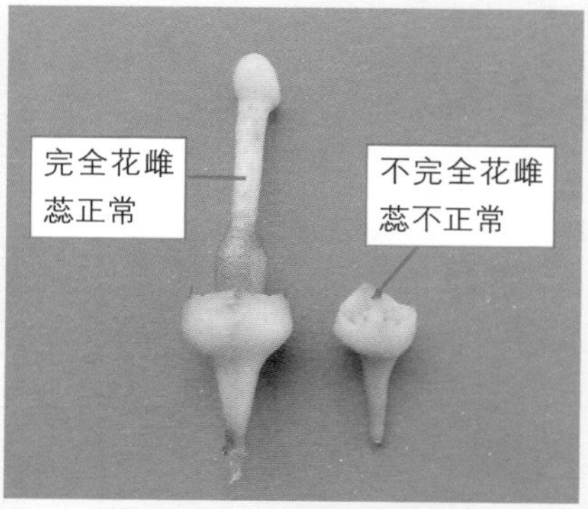

上图左边是完全花的雌蕊，右边是不完全花的雌蕊。不完全花在幼树上较多。如果不完全花在成年树上也有很多，可能是由于寒冷冻伤了树，或者施肥太多，或者修剪太重造成的。

3 疏果

8 月

柠檬每 25 片叶留 1 个果，其余的疏掉

柑橘类如果当年坐果太多，下一年的产量就会大幅度地减少（隔年结果）。在 8 月左右时疏果，可使每年有稳定的收获量。按照果实和叶数的比例（见右表）来疏果。如柠檬，1 个果需 25 片叶，如果是有 250 片叶的树，就可留下完好个大的果实 10 个，其余的都疏掉。因为要数清楚全树上所有的叶片比较难，但可以大体估计一下数量。

疏果时的果叶比指标

果实的大小	品种	1 个果对应的叶片数
金橘	金橘	8 片
柑橘	温州蜜橘、柠檬	25 片
橙子	日向夏、八朔、清见、不知火	80 片
柚子	柚子、夏柑、甘夏	100 片

4 套袋

提升作业

8 月

套袋不是必须实行的作业，但是可防止病虫损伤果实。

因为还没有市售的柑橘用袋，所以可用大小合适的苹果袋或梨袋替代。用附属的铁丝牢牢地系好口。

套袋的效果

套袋的果实和没有套袋的果实（右图）。没有套袋的果实有明显的伤痕。

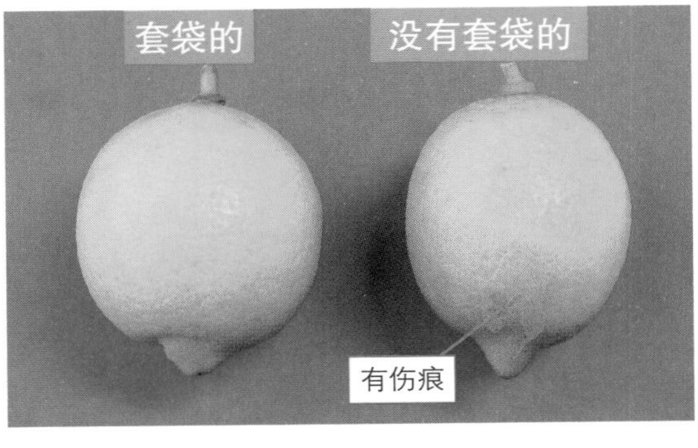

5 采收

适期：根据种类、品种不同而异

把着色的果实采摘下来。夏柑、甘夏和柚子等在 12 月前后就完全着色了，但还会有很强的酸味，所以等到春天时采摘为好。

采摘后如果留下果梗（着生果实的轴）会损伤其他的果实，所以要再一次剪截，把果梗剪得短而光滑。

6 防寒措施

11 月下旬 ~ 第 2 年 2 月中旬

栽植后 3 年左右的幼树特别不耐寒，所以到冬天时最好采取防寒措施。

在 11 月下旬，用 1m 左右宽的防寒纱网把地上部分围起来用细绳捆好固定，在树基部覆盖上稻草等使之安全越冬。等到寒冷缓和时撤掉纱网，使树受到光照恢复树势。

寒害

因寒冷受害的枝叶失去生机，叶子干枯变脆（上图左）。果实的果肉变得有很多孔隙似海绵状，严重时果皮的表面变白（上图右）。即使采取了防寒措施但枝叶和果实还是受伤时，最好用盆栽。

盆栽的防寒措施

盆栽后搬到屋内是防寒最根本的方法。如果不能搬到屋内时，在地上部加上防寒纱网，将盆再放在一个大盆内进行保护。小盆和大盆之间再填上土。

7 修剪

2月下旬~3月

2月下旬

混合花芽（见P22）

几乎所有的柑橘类，花芽主要着生在枝的顶端，且花芽和叶芽不能区分。因为花芽着生在枝的顶端，所以长度不到20cm的枝不用剪截，只对30cm以上的长枝短截1/3左右。作为特例，会出现在春天时长出的枝梢（春梢）上，到夏天、秋天时没有长出新梢（夏梢、秋梢），有的在整条枝上着生着花芽，如右图中整条枝着生着花芽（现在花芽和叶芽不能区分）。

5月上旬

每个芽上开始长出枝，好像着生着蕾的样子。A枝叶伸展，在它的尖端着生着蕾，即有叶花。B枝上没有着生叶，即直花或适时花，从枝基部附近的芽上也能发生，但是大多数不能结果，而有叶花容易结果。

6月上旬

刚结果之后，多数的直花脱落。此后培育从有叶花上结出的果实。

9月下旬

从枝的尖端附近发生的有叶花只留下2个。此后若培育顺利，11月下旬就能采收。

■枝的生长方式与果实的着生位置（柠檬）

■修剪的顺序

① **控制树的生长范围**
为了不使之长成太大的树，通过修剪控制树高和树冠。

② **把不需要的枝从基部疏掉**
把太密集的枝、枯枝等不需要的枝疏掉。

③ **把长枝的顶端剪截 1/3 左右**
对于 30~40cm 的长枝，为了使之长成健壮的枝，从顶端剪截 1/3 左右。

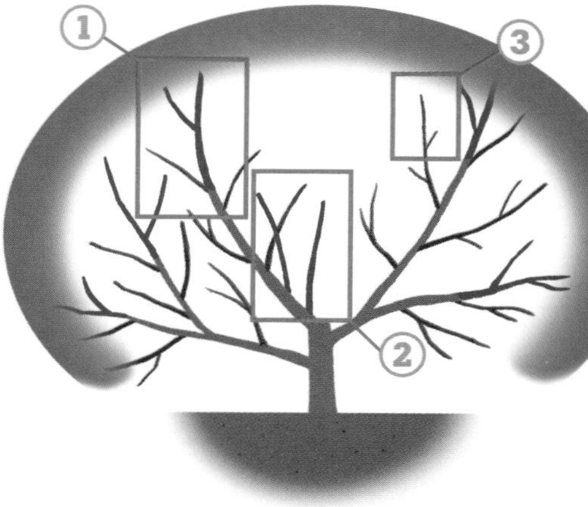

剪枝，使枝与枝不互相接触，可剪掉全体枝的 10%~30%。

① 控制树的生长范围

在枝分叉的地方剪截

为了控制树的生长范围，在 A 处把枝分叉的部分彻底地剪掉。因为剪截若留下残枝会从那里干枯，所以要注意。

柑橘类很容易长成大树，所以在幼树生长时就要控制其向上和横向的扩展。为了控制树的扩展，要剪截到枝分叉的地方。要点：不是从枝的中部，而是从基部剪截。上图是剪截了 1 个枝的效果，但其实可一次性剪掉 5 个左右的枝。

② 把不需要的枝从基部疏掉

剪掉枯枝

因为黑点病等病原菌会在枯枝上越冬，所以如果发现枯枝立即从基部剪掉。

剪掉徒长枝

50cm 以上的徒长枝不结果实，并且还造成树形杂乱，所以要从基部剪掉。

剪掉过密枝

枝如果过密时，要进行疏枝，疏到叶不互相重叠为止。

在有多个分枝的地方修剪

从同一部位长出几个分枝就太密集了，而且每个枝都长得很细，所以只留下 2 个枝左右，把其余的疏掉。

③ 把长枝的顶端剪截 1/3 左右

50cm 以上的枝从基部疏掉。30~40cm 的枝，从枝的顶端剪截 1/3 左右，以促进健壮枝的发生。20cm 以下的枝，为了使之结果而不要剪截。

修剪前后

修剪时，以剪掉 10%~30% 的枝为大体的目标。这样树冠的光照和通风都会变好，树能健康生长。

■病虫害防治措施

病虫名称	发生时期	症状	防治方法
溃疡病	4~9月	在叶和果实上形成木栓状的斑点。病原细菌易从伤口处侵染	在发生初期把受害部位除去。为了不产生侵染源的伤口，所以除刺要小心
黑点病	6~9月	在叶和果实的表面形成小的斑点，使其变得很粗糙	清除枯枝和落叶，以减少病菌来源，是有效的防治方法
柑橘潜叶蛾	6~9月	幼虫钻入嫩叶内部取食叶肉，在叶表留下白色线状虫斑	观察刚萌芽后的嫩叶，一旦发现就摘除虫叶，集中处理掉。应及早发现及早处理
柑橘凤蝶	4~10月	幼虫咬食嫩叶，吃得只留下叶脉	一旦发现立即进行人工捕杀

溃疡病

黑点病

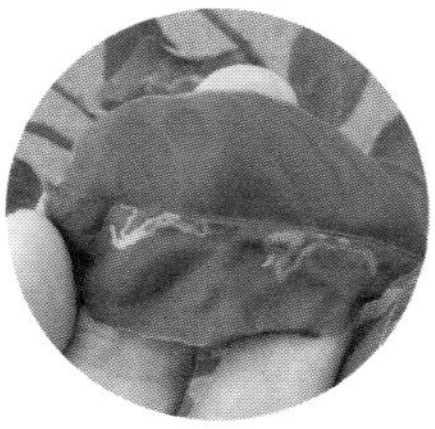

柑橘潜叶蛾

凤蝶的幼虫

盆栽

因为冬天时可搬到屋内，不用担心冻坏，所以大力推荐。培育成紧凑树型适合盆栽，所以最近很受欢迎。

资料

■用土

推荐用果树或花木用土，如果没有，可将蔬菜用土和沼泽土（小粒）按 7:3 的比例混合使用。另外在盆底铺上 3cm 左右厚的碎石。

■栽植（盆的大小：8~15 号）

参见 P10。比起棒苗来还是推荐大苗。

■放置场所

从春到秋，放置在光照时间长的地方。因为不耐病害，所以要放在屋檐下等雨水淋不到的地方。到冬天时搬到光照条件好的室内。

■浇水

盆土的表面干时，要浇充足的水。

■施肥

如果用 8 号盆（直径 24cm），2 月时施油渣 60g，在 6 月、10 月时分别施复合肥 10g。

■管理作业

参见 P74~81。

若用盆栽，冬天时的温度管理也容易。上图是柠檬树。

柑橘类

猕猴桃

资料

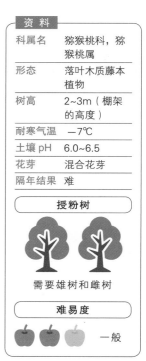

科属名	猕猴桃科，猕猴桃属
形态	落叶木质藤本植物
树高	2~3m（棚架的高度）
耐寒气温	−7℃
土壤 pH	6.0~6.5
花芽	混合花芽
隔年结果	难

授粉树

需要雄树和雌树

难易度

一般

施肥（庭院种植）

树冠直径不到 1m 的树，2 月施油渣 130g，6 月、10 月分别施复合肥 30g。

栽培日历

	1月	2月	3月	4月	5月	6月	7月	8月	9月	10月	11月	12月
栽植	■	■	■	（严寒期除外）							■	■
枝的管理	修剪	修剪			摘心				疏枝	引缚		修剪
花的管理				摘蕾	摘蕾	开花、人工授粉						
果实的管理						疏果						
采收										■	■	
施肥		■				■				■		

耐病虫害，产量高

酸甜适中、清爽可口的猕猴桃，在中国人工栽培的历史已达 1000 多年，而在日本栽培也就半个世纪左右。猕猴桃耐病虫害，如果病虫害发生不是很重，即使不打药也能栽培。

因为是藤本植物，其枝叶生长旺盛，在庭院栽植需要搭 2~4 张像榻榻米大小的架子，把藤枝固定在架子上面栽培。在庭院的角落或者是停车场的上面等都能栽培，只要想办法在很多地方都能栽培它，架下的树荫是盛夏季节乘凉的最佳场所。

雌雄花不同株，在雌树上开雌花，在雄树上开雄花，所以需要雌雄树分别对应着栽培。不过，即使是费心费力对应地栽上了雌树和雄树，若开花期不吻合也不行。需要注意的关键点是要根据雌株品种的果肉颜色来选择雄株品种（见 P83）。如果再加上人工授粉，就能收获到相当多的果实。

■品种

品种名称		开花期 5月	开花期 6月	采收期 10月	采收期 11月	果肉色	单果重 /g	特征
雌株品种	红妃					中心红色	90	果肉的中心是红色，虽然果小但甜味浓
	魁蜜					黄色	150	叫作苹果猕猴桃，能结出像苹果那样果形的大果
	香绿					绿色	130	果实近似圆柱形，果肉浓绿色。有浓厚甜味很受欢迎
雄株品种	早雄			不能采收		—	—	因为和果肉是红色的品种开花期接近，所以作为授粉树要利用这些品种
	孙悟空			不能采收		—	—	因为和果肉是黄色的品种开花期接近，所以作为授粉树要利用这些品种。用落基也可
	套木利			不能采收		—	—	因为和果肉是绿色的品种开花期接近，所以作为授粉树要利用这些品种。用松亚也可

■栽植和整形修剪
（单头形树形）

第 1 年（栽植）

时期

11 月 ~ 第 2 年 3 月（严寒期除外）

要点

首先准备好市售的架子，沿着架子的 2 根支柱，分别栽上雌株和雄株。在健壮的地方剪截枝，促进新枝的萌发生长。采用一字形整形修剪，参见 P143。

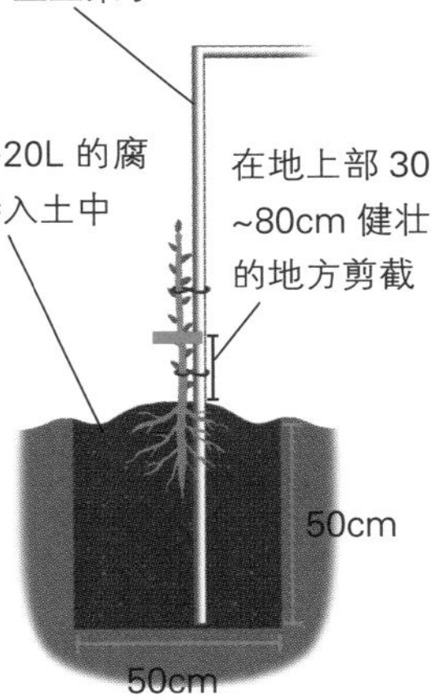

采用一字形整形修剪（见 P11）培育的猕猴桃

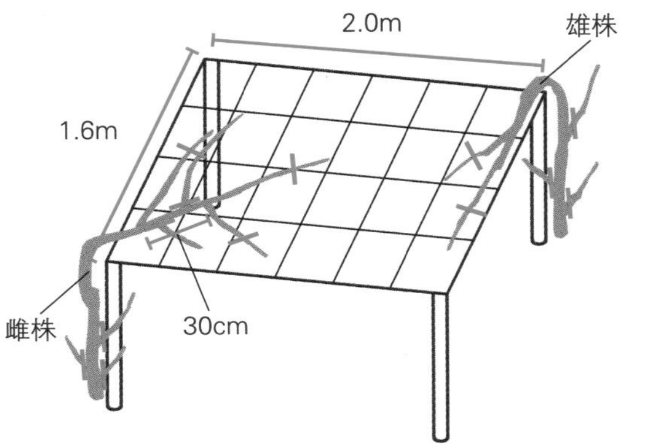

第 2~3 年

第 2 年，把最健壮的 1 个枝留下并且引缚在架子之上。第 3 年，架子上生长分枝的间隔约为 30cm，把其余的枝全部剪掉。

【俯视图】

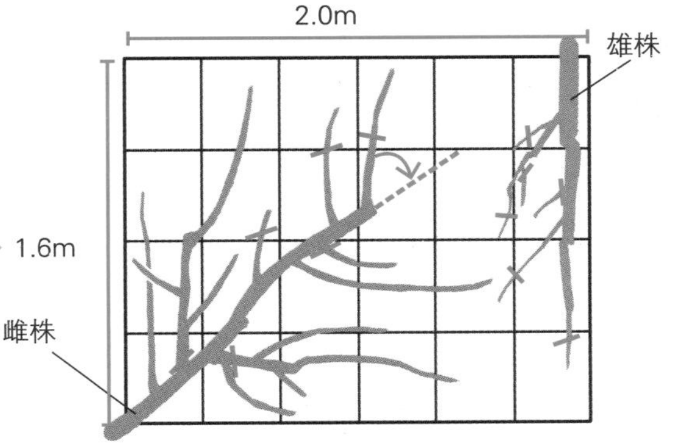

第 4 年以后

如果是 2 张榻榻米（3.3m²）左右的架子，对雌株进行修剪，留下 6~8 个枝（1m² 留下 2 个左右）。雄株不干扰雌株的生长，在架子上的一角留下少量的枝即可。

■作业与生育周期

要点

- 选择开花期相近的雌株品种和雄株品种成对栽植，并进行人工授粉。
- 一旦枝生长伸长，就向架子上引缚。
- 如果不疏果，则坐果太多，只能采摘到小的果实。
- 在修剪时，要更新树基部附近的枝。

1 引缚 （见 P86）

为防止风吹折断枝，应把枝固定在架子上。

2 疏蕾 （见 P86）

1 个花序留下 1 个花蕾，把其余的疏掉，防止损失养分。

3 人工授粉 （见 P86）

进行人工授粉，使之充分授粉。

4 摘心 （见 P87）

剪掉枝的尖端，控制枝不必要的伸长。

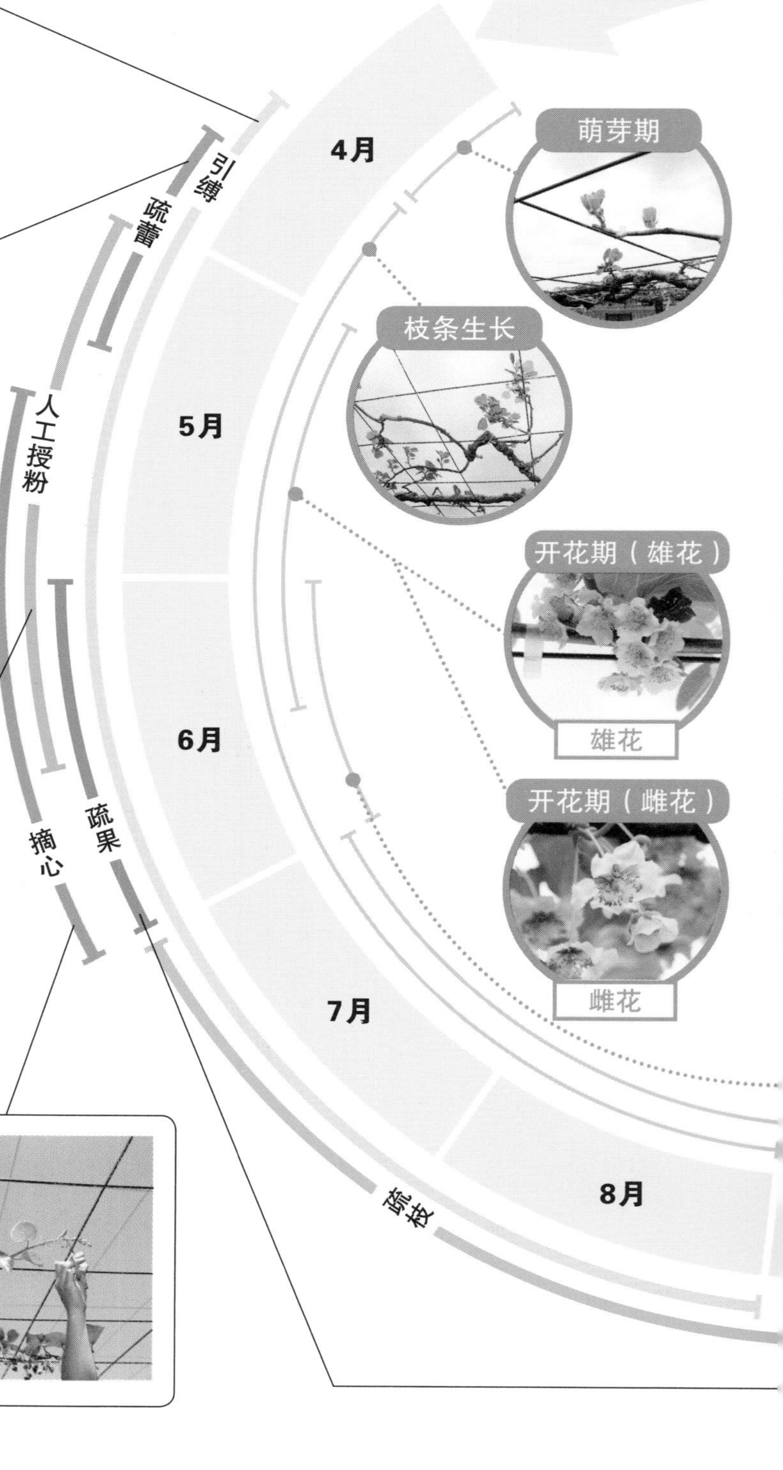

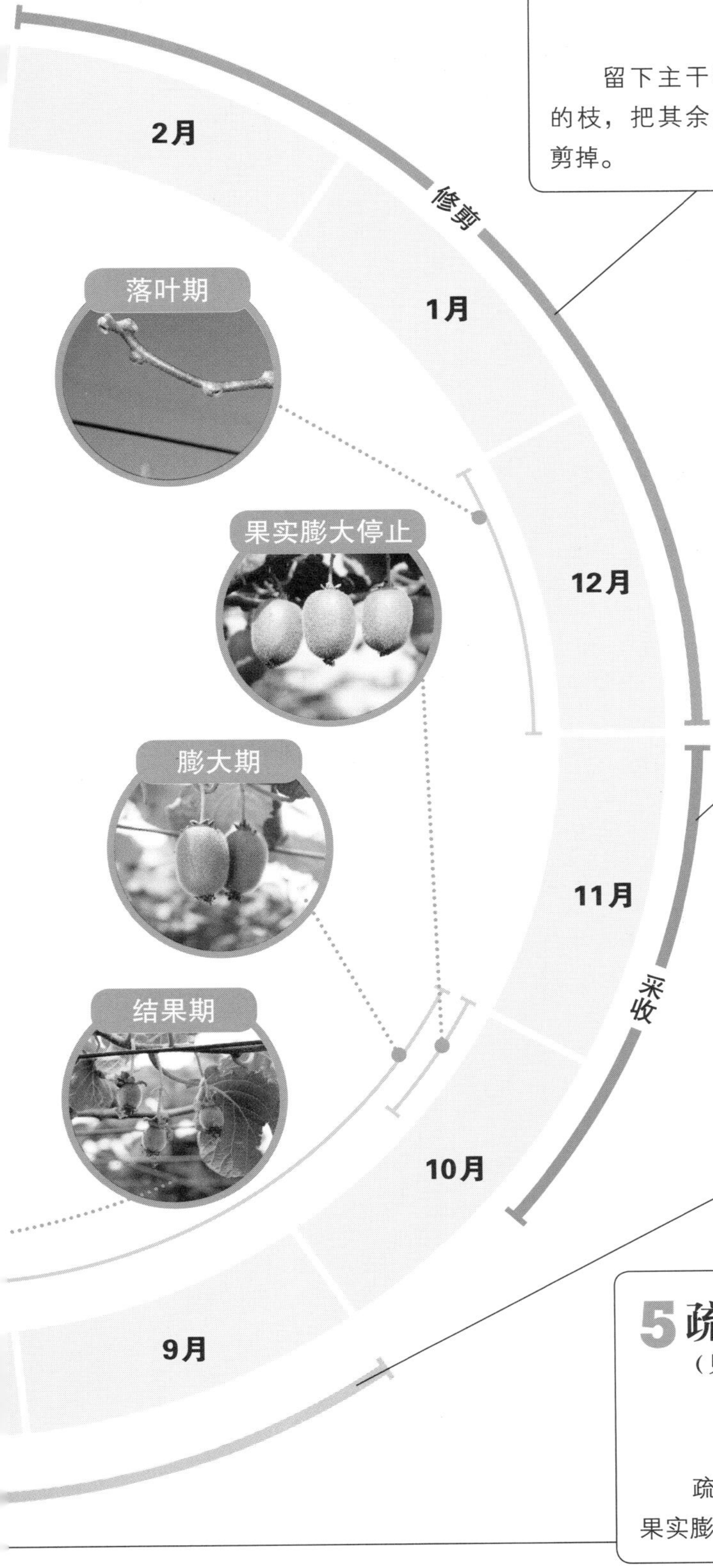

8 修剪（见 P89）

留下主干基部附近的枝，把其余的枝彻底剪掉。

7 采收（见 P88）

按照各品种的采收时期而适时采摘。

6 疏枝（见 P88）

把长到架子上面不需要的枝疏掉。

5 疏果（见 P87）

疏果以促进果实膨大。

1 引缚

4 月中旬 ~8 月

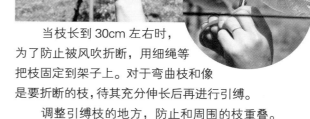

当枝长到 30cm 左右时，为了防止被风吹折断，用细绳等把枝固定到架子上。对于弯曲枝和像是要折断的枝，待其充分伸长后再进行引缚。

调整引缚枝的地方，防止和周围的枝重叠。

2 疏蕾

提升作业

4 月下旬 ~5 月上旬

多数的花蕾在同一叶腋处有 2~3 个分开着生。如果都留下，会损失养分，所以把中心最大的 1 个花蕾留下，其余的疏掉。

3 人工授粉

5 月 ~6 月中旬

雄花 和雌花不同，没有雌蕊。雄蕊尖端的花药开放后，黄色的花粉就释放出来。

雌花 其显著特点是在花的中心有像海葵一样的白色雌蕊 40 个左右。在其周围虽然有雄蕊样的器官，但是没有正常的花粉。

① 从雄树上摘取雄花，可选择 C 或 D 这样的花。A 或 B 都太早，因为从雄蕊上还没有花粉释放出来，不适合人工授粉。另外比 D 再晚的花瓣就变色，花粉也老了，就不能使用了。

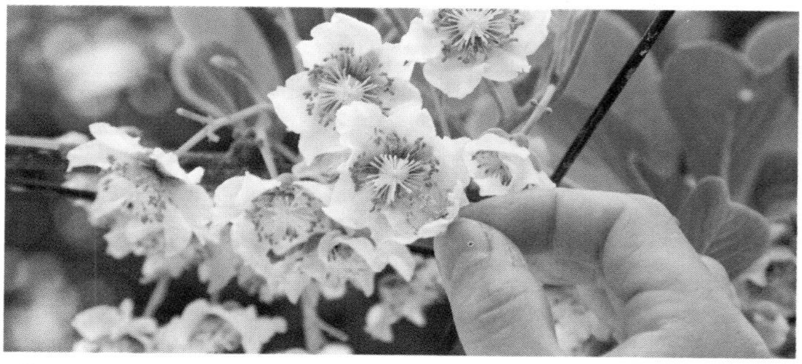

② 摘取雄花的雄蕊向雌株上开着的雌花的雌蕊上涂抹。要点是所有的雌蕊上都要涂抹到。用 1 个雄花可给 10 个左右的雌花进行人工授粉。

4 摘心

5 月中旬 ~6 月

为了控制枝不必要的生长，可把枝的顶端剪掉。

从枝的基部起留下 15 片叶片，之后的尖端部分用剪刀剪掉（摘心）。如果从剪截枝的顶端再长出新枝，留下 1 片叶片后对新生枝再进行摘心。

5 疏果

6 月

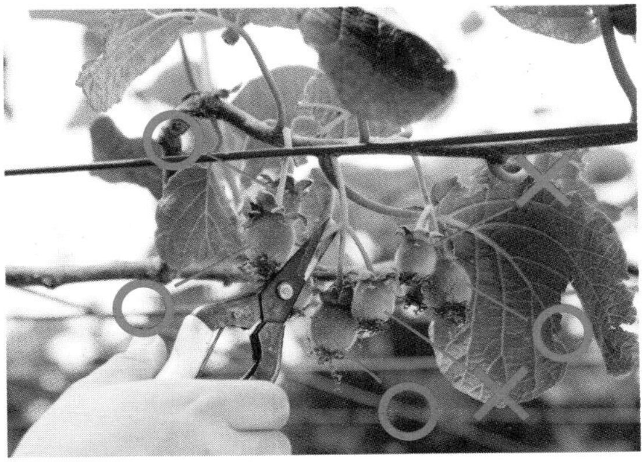

① 因为在自然状态下果实几乎不落。如果不疏果，坐果太多会使果实长不大。如果没有疏蕾，首先在同一叶腋处留下 1 个果，把其余的果疏掉。

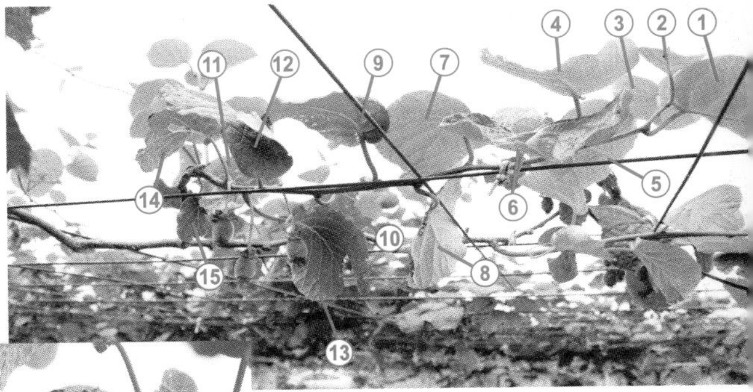

② 接下来，以每 5 片叶片留下 1 个果的目标，把多余的果疏掉。例如，像上图那样有 15 片叶的枝，留 3 个果，把其余的果疏掉。

优先疏掉的果

疏果时，优先疏掉伤残果、小果、畸形果，只留正常果。

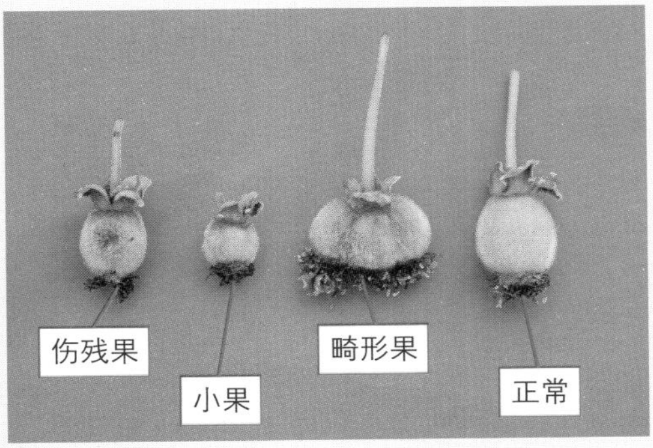

提升作业

6 疏枝

7~9 月

把长到架子上面的枝疏掉

长到架子上面的枝如果放任不管，使光照变差的同时还浪费养分。

不要等到冬天才修剪，夏天就要从基部剪掉长到架子上面的部分枝。冬天修剪时，把更新用的枝留下。

留下更新用的枝

使枝的顶端向前生长连续使用几年，就会只在枝的顶端着生叶和果，在基部不再着生叶和果。因此，在冬天修剪时把老枝剪掉，换成更新用的枝。需要的更新用枝，在夏天时就需引缚在架子上准备好。

7 采收

10 月中旬 ~11 月

从果实的颜色和硬度难以断定采收适期。一般情况下，果肉是红色的品种在 10 月下旬，黄色的品种在 11 月上旬，绿色的品种在 11 月中旬采收。但是，因为果实遭受霜打，就会受伤，所以不管采收时期如何，要在下霜之前采收完毕。

握住果实，托住底部向上用力并转动就能采摘下来。

刚采摘的果实不能立即就吃

刚采摘下来的果实，因为硬又不甜，需要催熟。和苹果一起装入聚乙烯塑料袋内，放在凉爽的地方（15~20℃）6~12 天后就能吃了。用大拇指轻轻一压，如果能轻微凹陷下去，则正是到了适合吃的程度。

8 修剪

12 月 ~ 第 2 年 2 月

■枝的生长方式与果实的着生位置

2 月下旬

混合花芽（见 P22）

花芽散布在整条枝上。花芽和叶芽不能区分。

从哪个芽上能着生果实、抽生枝还不好断定，因为花芽散布在整条枝上，所以即使是较多地剪截一些也可。右图是修剪后的样子。A、B 枝是有 15 个芽左右的枝，从顶端剪截了一半，留下 7 个芽左右。

5 月上旬

从 A、B 两枝的顶端都能确定有 2~3 个枝在生长着。在生长枝上的叶基部有花开着。

6 月上旬

在修剪后的 2 月下旬，枝几乎没有，棚架看上去显得空荡，之后枝逐渐生长伸长，会进一步密集使棚架显得狭窄。

修剪的顺序

① **把骨干枝的顶端剪截**
把健壮并且笔直生长枝的顶端剪截。

② **尽可能地把基部的老枝换成新枝**
在附近若有新枝，可把老枝替换掉。

【俯视图】

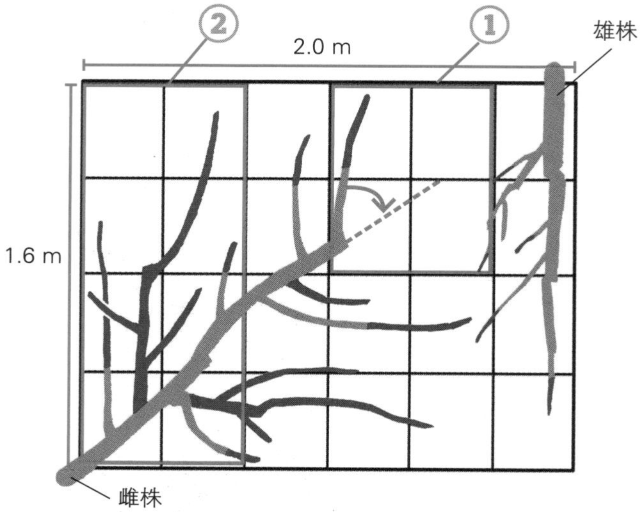

如果是 $3.3m^2$ 左右的棚架，进行修剪时留下 6~8 个枝，使枝与枝的间隔为 30cm。

① 把骨干枝的顶端剪截

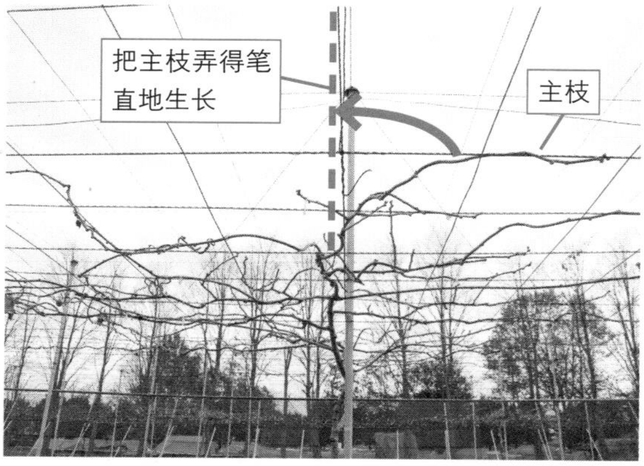

① 选择顶端健壮的 1 个枝，作为骨干枝（主枝）使之延伸生长。虽然现在向右伸展着，但是使之笔直地生长是很重要的。

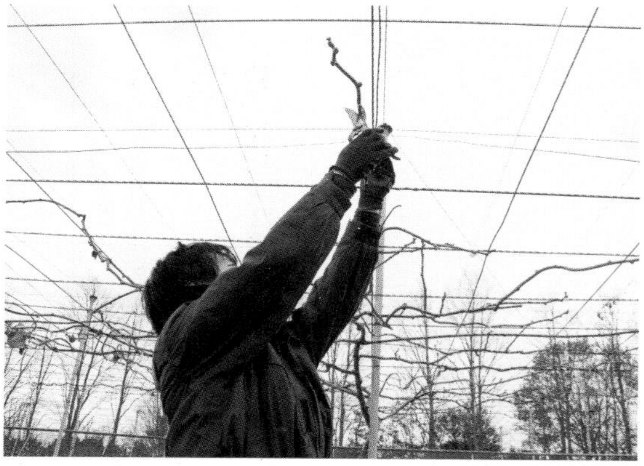

② 在选择的枝上留下 7~11 个芽，把其余的剪掉。细枝要留得短，粗枝要留得长。

③ 为了使主枝笔直地伸长，可用细绳等把枝的顶端绑扎固定在棚架上。

剪枝的位置

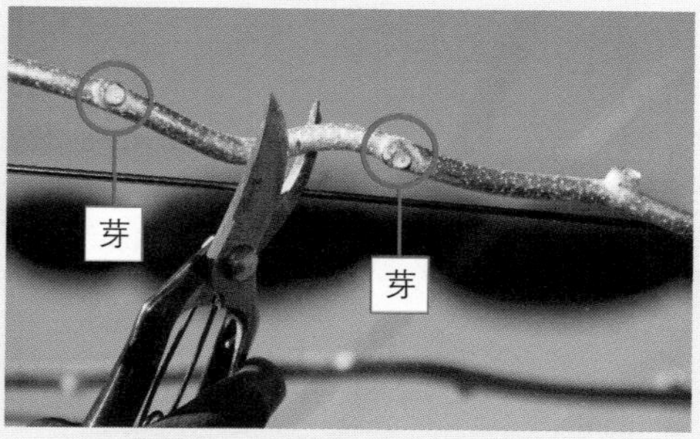

因为猕猴桃枝剪口不容易愈合，所以要从芽和芽的中间剪截。

② 尽可能地把基部的老枝换成新枝

方法① 利用从骨干枝上发出的枝

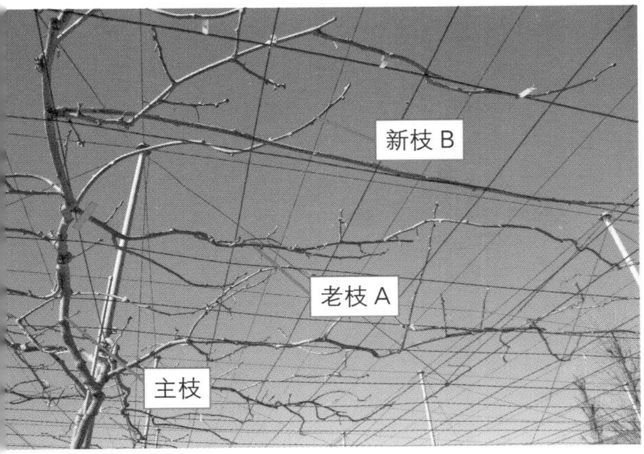

❶ 枝 A 因为已经使用了 3 年变成了老枝，其基部附近已不能结果，所以要逐渐地让新枝替代。主枝上因为有新枝 B 出来，所以把枝 A 从基部剪截进行更新。

❷ 更新时不要把枝 B 折断了，先慎重地将枝 B 引缚在棚架上。顺利地引缚好后，再把枝 A 从基部剪截。

❸ 下图为更新后的状态。之后在 7~11 个芽处剪截，以促进新枝的发生。

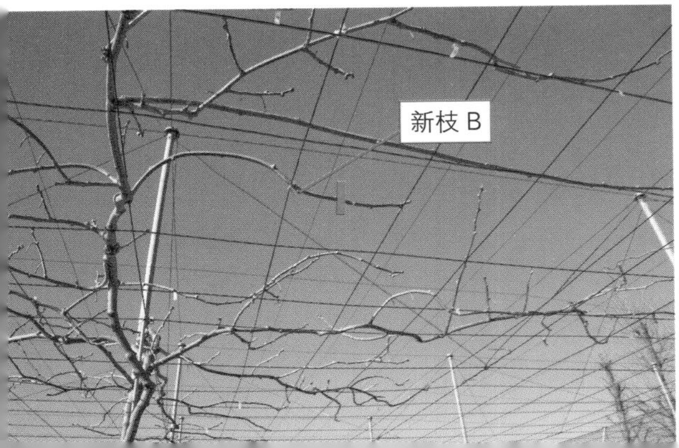

方法② 利用从枝的基部附近发出的枝

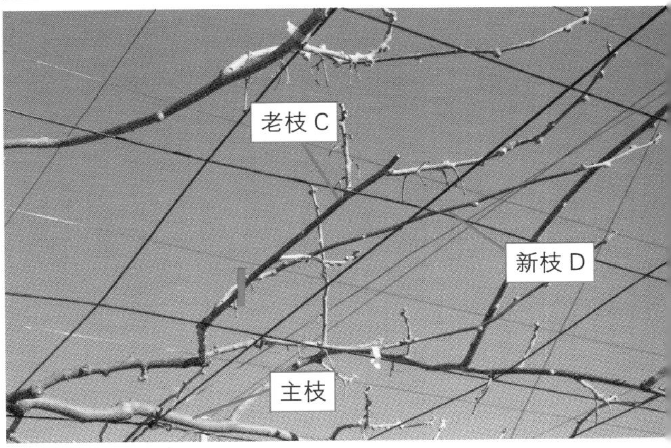

❶ 枝 C 顶端附近的枝太密集，所以这些枝都不能留。像方法①那样，如果恰巧从主枝上没有好的枝长出，就利用从枝 C 的基部发出来的新枝 D 更新。

❷ 在枝 C 和枝 D 分叉的地方剪截，彻底地剪掉以上的部分，在 7~11 个芽处剪截，把顶端剪掉后促进新枝的长出。

❸ 下图为更新后的状态。到第 2 年夏天有 3~5 个枝长出，又成为和枝 C 一样的状态。

剪枝的位置

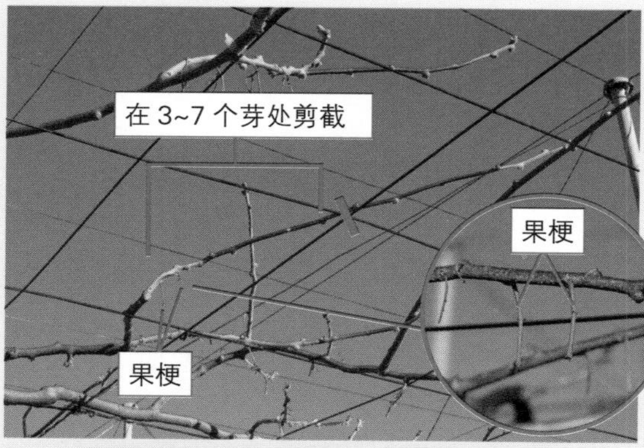

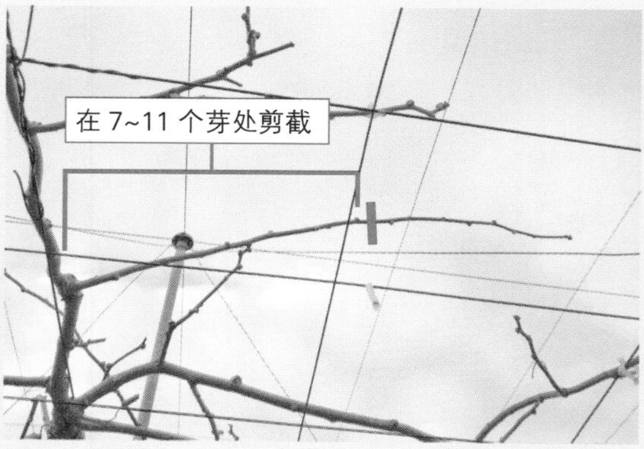

有果梗的枝

当年结果的枝。从果梗（着生果实的轴，也叫果柄）到基部间这一段枝，在第 2 年春天不生长，所以从果梗再向前 3~7 个芽处剪截。剪截后，也把果梗剪掉。

没有果梗的枝

当年没有结果的枝。如果短截，长出的枝又粗又长，难以利用，所以在 7~11 个芽处剪截。

修剪前后

上图为一字形整形修剪法在修剪前后的状态。因为有 $10m^2$ 左右的空间，所以留下了 20 个左右的枝。因为到第 2 年春天枝会不断生长，所以不要留枝过多。

■病虫害防治措施

病虫害名称	发生时期	症状	防治方法
花腐细菌病	4~5月	雌花的雌蕊周围变黑。严重时花蕾变褐脱落	为了防止病害扩展，一旦发现受害部位，立即摘除，在远离树体的场所进行处理
果实软腐病	采摘后	采收时在硬的果实上看不见，催熟变软后，果实的一部分变黄腐烂	从春天到秋天进行疏枝，改善通风透光条件。果实催熟时的温度不要太高
介壳虫类	5~11月	寄生在枝和果实上吸取汁液	一旦发现，用牙刷等刷掉。到冬天时喷洒机油乳剂很有效果
叶蝉	5~10月	虫体长1mm，寄生在叶片的背面吸取汁液，叶上出现白点	因为一触动叶片它就到处蹦跳，所以难以捕杀。在5月、7月、9月喷洒杀虫剂很有效果

花腐细菌病

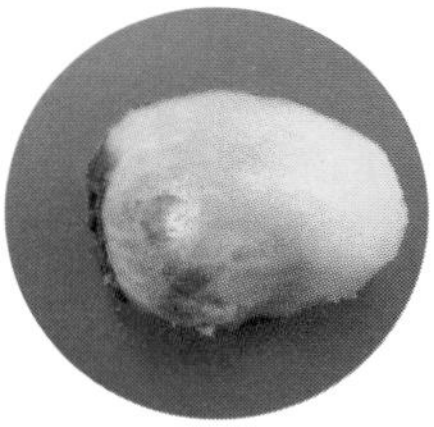
果实软腐病

介壳虫类

盆栽

因为猕猴桃树是藤蔓性粗枝生长，所以要把枝引缚在结实牢固的方尖塔上，而雌株和雄株要分别栽在两个盆中。

资料

■用土

推荐用果树或花木用土，如果没有，可将蔬菜用土和沼泽土（小粒）按7:3的比例混合使用。另外在盆底铺上3cm左右厚的碎石。

■栽植（盆的大小：8~15号）

参见P10。比起棒苗来还是推荐用大苗。

■放置场所

放在从春天到秋天直射阳光长的地方。为了减少病虫害，要放在屋檐下雨淋不到的地方。

■浇水

当盆土的表面干燥时，要浇足水。

■施肥

如果用8号盆（直径24cm），2月施油渣20g，6月和10月分别施复合肥8g。

■管理作业

参见P86~93。

栽植后第3年结10个左右果的盆栽猕猴桃。盆栽可以提早结果，结果状况也好。

板栗

资料

科属名	山毛榉科，栗属
形态	落叶乔木
树高	3.5m 左右，最高 15m
耐寒气温	－15℃
土壤 pH	5.0~5.5
花芽	混合花芽
隔年结果	较难

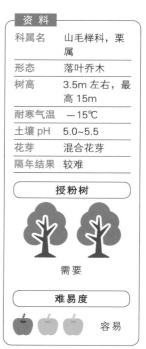

授粉树

需要

难易度

容易

施肥（庭院种植）

如果树冠直径不到 1m，2 月施油渣 150g，6 月施复合肥 45g，10 月施复合肥 30g。

栽培日历

	1月	2月	3月	4月	5月	6月	7月	8月	9月	10月	11月	12月
栽植	■	■	■	（严寒期除外）							■	■
枝的管理	■	■	■ 修剪				■	疏枝				
花的管理						■	开花					
果实的管理												
采收								■	■	■		
施肥		■				■				■		

选择品种，通过修剪，培育成紧凑型

板栗是代表秋天结实的果树，原产于中国，从日本青森县的绳文时代的遗迹出土了板栗果实和树的痕迹，说明当时在日本也已经作为主食被栽培着。现在日本的栽培品种大多是从山野中自生的茅栗培育、选育而来的。

因为枝横向扩展开张性强的品种容易培育成紧凑型的植株，所以编者推荐横向扩张性的品种。另外，栗瘿蜂若寄生在芽内，可形成虫瘿，导致枝不能生长而枯死，所以要选择抗该虫的品种。在烹饪的时候剥外皮很麻烦，最近用微波炉加热就能简单地剥开皮的品种“马球弹”上市了。

管理作业不太费工夫，但是配置授粉树是必需的。另外因很容易长成大树，在光照不好的地方枝条容易枯死，所以要修剪成紧凑型，把老枝疏掉以新枝替代。

■品种

品种名称	树姿	对栗瘿蜂的抗性	采收期 8月 9月 10月	单果重/g	特征
森早生	直立型	较强		18	因为采收时期早，所以不易受栗象甲的危害
马球弹	开张型	强		30	若加热就能简单地剥开涩皮的新品种。因能培育出大果，所以推荐此品种
筑波	直立型	较强		25	口感好、产量高的基本品种。幼树时期就容易结果
银寄	开张型	强		25	有代表性的丹波栗品种，虽然落果稍多，但是果实的外观很美
无刺栗	直立型	强		20	刺苞的刺短，采收时无须考虑痛感的问题，口感好
美久里	直立型	强		28	新品种，在晚熟的品种中口感好、果大。也适合作为马球弹的授粉树

注：直立型表示枝向上生长的类型。 开张型表示枝横向生长的类型。

■栽植和整形修剪
（自然开心形树形）

第 1 年（栽植）

时期

从 11 月 ~ 第 2 年 3 月（严寒期除外）

要点

喜欢日照和排水条件好的场所。因根能深扎，至少要挖深 50cm，把土壤疏松后再栽植。在附近栽上适宜的授粉树。

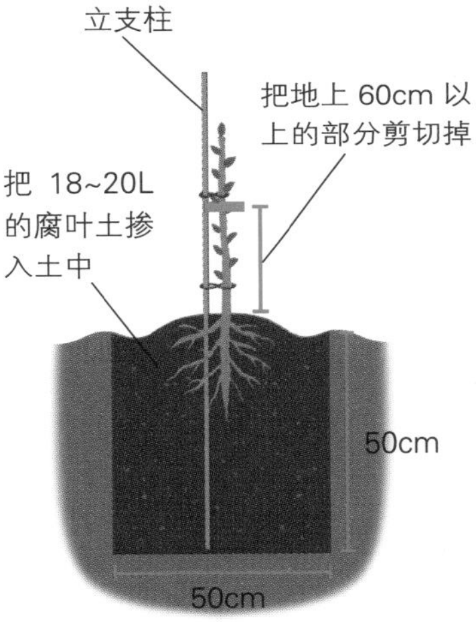

通过整形修剪保留骨干枝 2~3 个，树形为自然开心形。

第 2 年

在生长枝当中，留下健壮枝 2~3 个，其余的枝从基部剪掉。留下的枝从顶端剪掉 1/4。

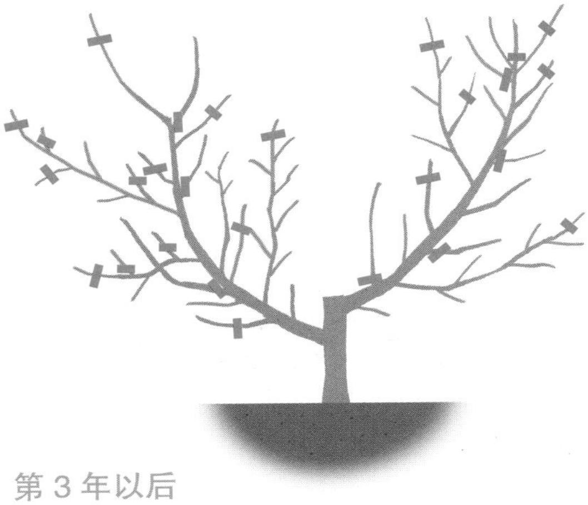

第 3 年以后

因在光照不好的地方，枝条容易枯死，所以要疏枝，把老枝换成新枝。

■作业与生育周期

要点

- 栽植时尽量与授粉树离得近些。
- 刺苞落下后用两脚踩一下便可收获。
- 因为很容易长成大树，所以要修剪成紧凑型。

雄花和雌花

像狗尾草样的花是雄花。雌花从雄花的基部开花，比较小。雌花比雄花开得稍早些。

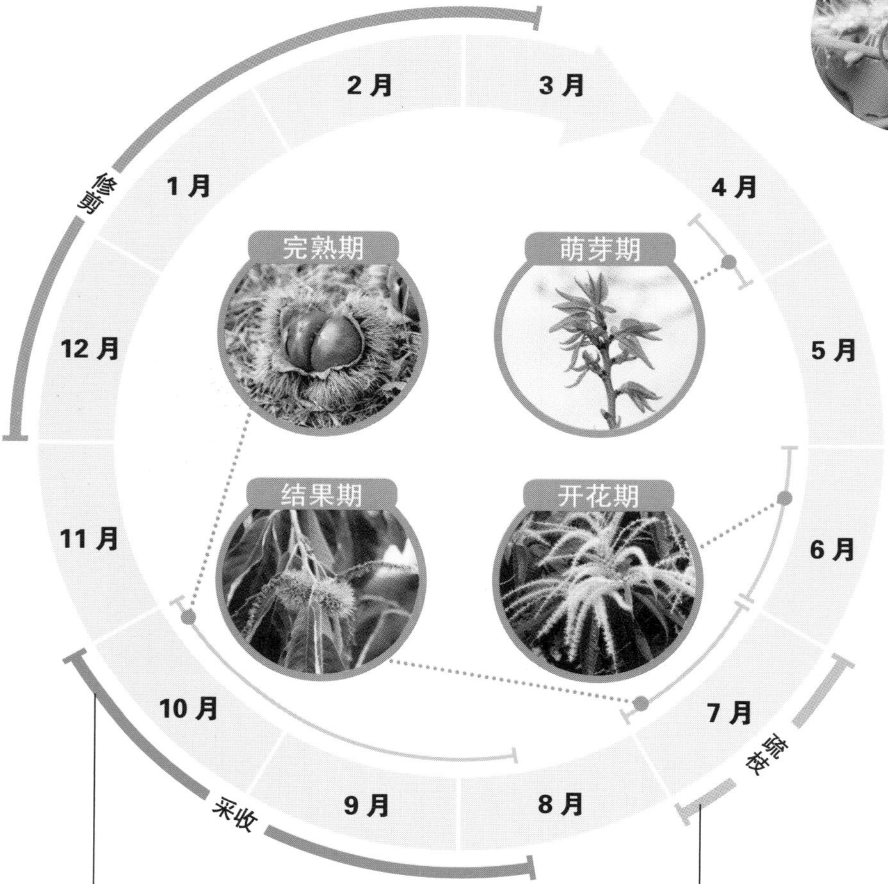

2 采收

8月下旬~10月中旬

刺苞变成茶色裂开，并自然落地时就到了采收期，用两脚踩刺苞便可从中取出栗果。

1 疏枝

7月

如果枝条很密集，就要从基部疏掉部分枝条。因为光照不好的枝，到第2年难长出花芽，所以尽可能早点疏枝。

3 修剪

12 月 ~ 第 2 年 3 月上旬

■枝的生长方式与果实的着生位置

2 月下旬

混合花芽（见 P22）

花芽着生在枝的顶端附近，可以分为大的花芽和叶片脱落后只有凹陷的叶芽。

一般从顶端数前 3 个芽是雄花和雌花着生的花芽，在其下面的 1~5 个芽是只有雄花着生的花芽。再下面的所有芽都是叶芽。在右图中，顶端的 2 个芽 A 是雄花和雌花着生的花芽，它下面的 4 个芽 B 是雄花着生的花芽，其余的 2 个芽 C 是叶芽。在 2 月下旬修剪时，A 和 B 不好区分。

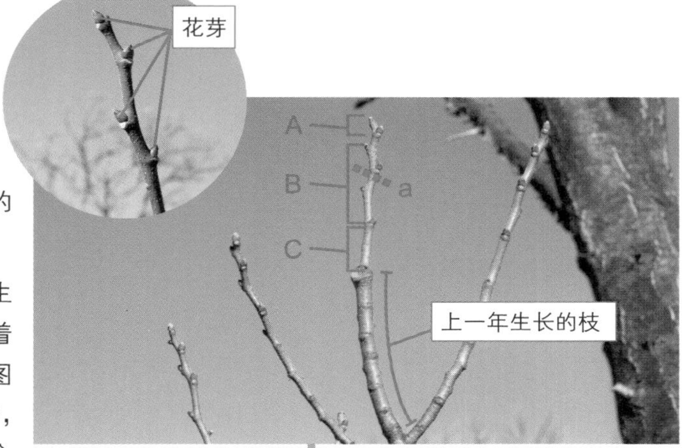

4 月中旬

右图是处于萌芽状态的枝条。其顶端附近的 3~8 个芽正在萌芽。

6 月上旬

右图为板栗开花状态。图中像细绳状一样生长的是雄花的花穗（花着生的轴）。在 1 枝花穗上可开 100 个左右的雄花。雌花在雄花花穗的基部开 1 个花（见 P96）。从 2 月下旬的 A 花芽生长的枝上，雄花和雌花都开花，从 B 花芽生长的枝上只开雄花。

7 月上旬

右图为枝顶梢上结出的果实。2 月下旬修剪时如果从 a 处剪掉，此时就长不出果实来了。

■修剪的顺序

① 顶端的枝留下 1 个，把其余的枝全剪掉，并且短截留下的枝条

为了不削弱枝的长势，顶端的枝留下 1 个，把其余的枝剪掉，并且进行短截。

② 从基部疏掉不要的枝条

疏掉密集枝、平行枝等不要的枝。

③ 把老枝更换成新枝

把老枝剪掉，更换成从近处发出来的新枝。

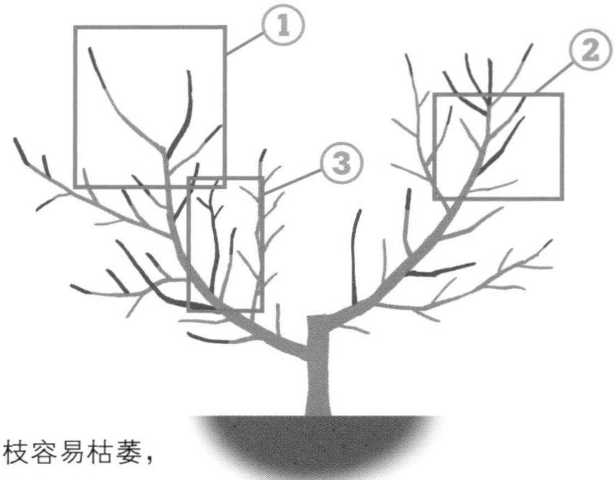

日光照不到的枝容易枯萎，
所以要通过疏枝来增强采光。

① 顶端的枝留下 1 个，把其余的枝全疏掉，并且短截留下的枝条

枝的顶端附近如果分叉就要留下 1 个枝，其余的枝从基部剪掉。因为留下 1 个枝，能够防止枝条长势减弱。为了不让该枝梢结果实，所以要从枝梢 1/3 处短截。

② 从基部疏掉不要的枝条

优先疏掉密集枝和平行枝。第 2 年，即使是枝叶充分生长也不会太密集。

③ 把老枝更换成新枝

如果连续使用几年的枝条，从基部附近长出的枝枯死，既不长叶也不结果。就需要在其前面附近的地方准备留健壮的枝条，并把老枝从基部疏掉，以利用新枝结果。

■修剪前后

修剪时可以剪去 50% 的枝为目标，因为来年从各条枝上又长出 3~8 个新枝，所以不会影响树体。

■病虫害防治措施

病虫害名称	发生日期	症状	防治方法
炭疽病	8~10 月	果实(种子)的表面变黑，里面成为空洞	彻底防除作为感染源的栗瘿蜂，需在适期喷杀菌剂
栗瘿蜂	5~8 月	使叶异常肥大、变红，并且形成虫瘿	选抗性强的品种，每年进行修剪，把老枝更换成新枝
栗象甲	10~11 月	采后的放置果大约 1 周，幼虫会从内部咬开口出来	栽植早熟品种。目前除喷洒药剂外，别无好的防治方法
桃蠹螟	6~10 月	从刺苞的裂缝中露出的成熟果上，排出大量的丝状黏结的粪便	一旦发现连同刺苞一起处理掉

盆栽

在庭院栽培的板栗很容易长成大树，所以用盆栽培育成紧凑型为好。

资料

■用土

推荐用果树或花木用土，如果没有，可将蔬菜用土和沼泽土（小粒）按 7:3 的比例混合使用。另外在盆底铺上 3cm 左右厚的碎石。

■栽植（盆的大小：8~15 号）

参见 P10。比起棒苗来还是推荐栽大苗。

■放置场所

放在从春天到秋天直射日光长的地方。最好不要放在屋檐下被雨淋的地方。

■浇水

盆土的表面如果干了，要浇充足的水。

■施肥

如果用 8 号盆（直径 24cm），2 月时施入油渣 30g，6 月时施复合肥 10g，10 月时施复合肥 8g。

■管理作业

参见 P96~99。

盆栽板栗结实好，开始结果也早。

樱桃

资料

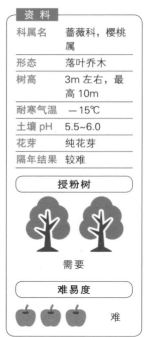

科属名	蔷薇科，樱桃属
形态	落叶乔木
树高	3m 左右，最高 10m
耐寒气温	−15℃
土壤 pH	5.5~6.0
花芽	纯花芽
隔年结果	较难

授粉树

需要

难易度

难

施肥（庭院种植）

如果树冠直径不到 1m，在 11 月时施油渣 130g，在第 2 年 4 月施复合肥 40g，在 7 月施复合肥 30g。

栽培日历

	1月	2月	3月	4月	5月	6月	7月	8月	9月	10月	11月	12月
栽植	■	■	■	（严寒期除外）							■	■
枝的管理	■	■	■ 修剪		■	摘心						
花的管理				■	■ 开花、人工授粉							
果实的管理					■	疏果、套袋						
采收					■	■						
施肥				■			■				■	

很受欢迎的庭院果树，需要注意的多项要点

樱桃的品种，有甜樱桃、酸味强的酸樱桃、中国原产地的樱桃等，在日本主要栽培的是甜樱桃。樱桃喜欢冷凉的气候，晚霜和 5~7 月降水少的地区是适宜栽植地区，如山形县和北海道、青森县等地。

樱桃是高级水果，外观也很可爱，所以作为庭院栽培很受欢迎，但是需要注意的要点很多。一是单独栽培一个品种会出现结果不好的现象，所以要和适宜授粉的品种一起栽培（见 P103）。二是很容易长成大树，所以要修剪成紧凑型。三是为了使其容易结果，要用细绳从下面拉拽，使枝条斜向生长。四是若在庭院栽培，临近收获期时，因为果实淋雨会出现裂果，所以要套袋，避免淋雨。

■品种

品种名称	授粉树	采收期			果实颜色	单果重/g	特征
		5月	6月	7月			
暖地樱桃	不需要				赤黄色	4	不需要授粉树，因比较耐雨，所以作为庭院栽培大力推荐。开花期早，不适合作为授粉树
佐藤锦	需要				鲜红色	6	大小、外观、口感都是极好的基本品种。太熟的果实口感就会下降
红贵拉利	不需要				鲜红色	8	不需要授粉树的新品种。幼树的枝容易直立生长，要用细绳拉拽固定
红秀峰	需要				赤黄色	9	果大、口感好，是近年来受欢迎的品种。还适宜作为“佐藤锦”的授粉树
拿破仑	需要				赤黄色	7	明治时代引入日本的品种。果肉硬，还可做料理用
月山锦	需要				浅黄色	10	果皮呈浅黄色的珍贵品种。果大很受欢迎。不适宜作为“佐藤锦”的授粉树

注：1.“暖地樱桃”为中国樱桃，其他的品种都是甜樱桃。
2. 大多数品种需要授粉树。授粉树品种间的适应性参见 P103。

■栽植和整形修剪
（变则主干形树形）

第 1 年（栽植）

时期

从 11 月～第 2 年 3 月（严寒期除外）

要点

要栽植在日照和排水好的场所。因樱桃喜欢凉爽气候，所以若是在 30℃以上的地区，尽可能栽植到凉爽的地方，并在附近栽上适宜的授粉树。

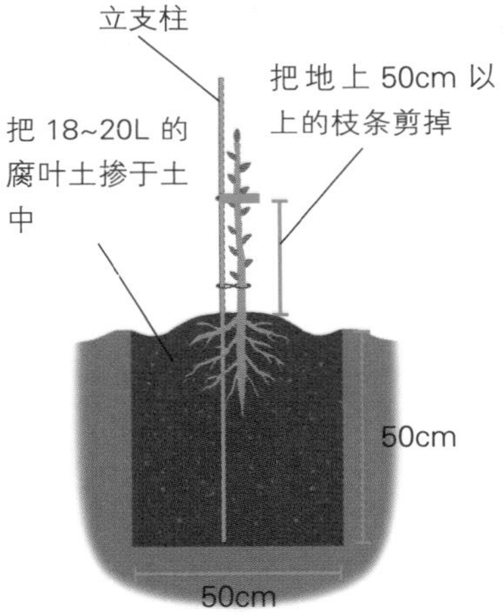

如果任其生长就会长成像图中所示的大树。

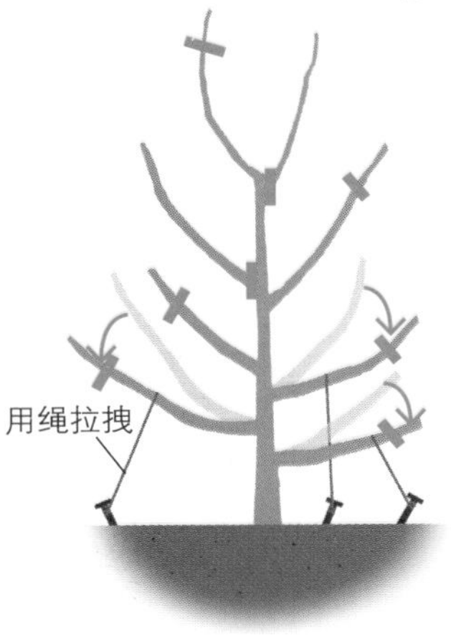

第 2 年

疏掉过密的枝，从顶端往回轻剪。若用细绳拉拽使枝水平生长，则容易结实。

第 3 年以后

把树的顶端重剪一些使树高降低。把直立枝疏掉，尽可能地使枝横向生长。

■作业与生育周期

要点

- 在选择授粉树时要注意品种间的适应性。
- 在临近收获时，如果果实被雨淋，容易造成裂果，所以要套袋预防。

1 人工授粉 （见 P103）

如果每年结果不好，可用不同品种的花粉对雌蕊进行涂抹，达到授粉的目的。

6 修剪 （见 P105）

以紧凑型的树为目标进行修剪。

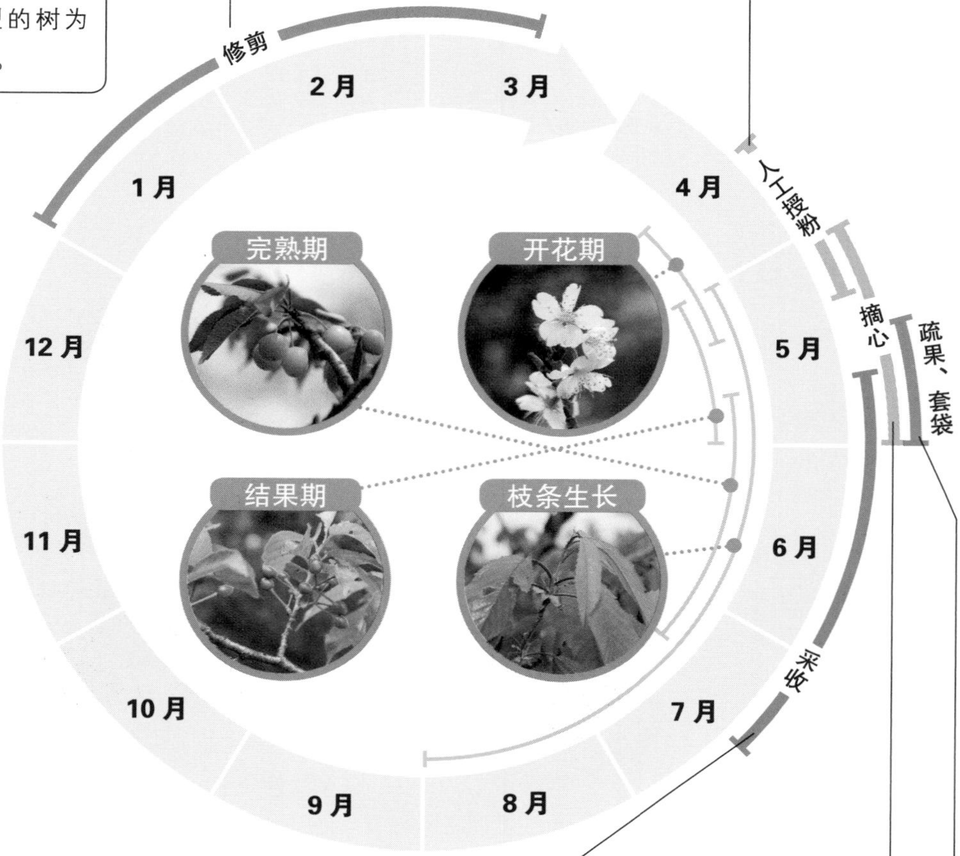

2 摘心 （见 P103）

控制枝不必要的生长，以变健壮。

5 采收 （见 P104）

完熟的果实就可采收。

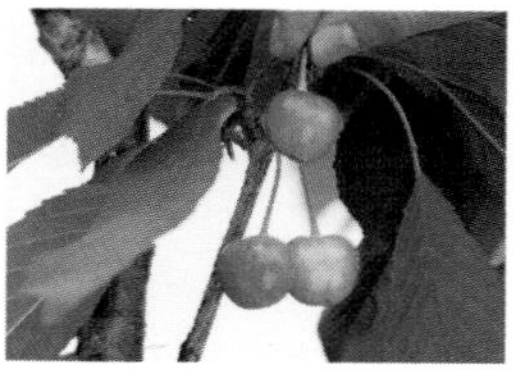

4 套袋 （见 P104）

套上市售的樱桃果实袋，以防止病虫害、雨淋、小鸟啄食。

3 疏果 （见 P104）

如果结果太多，则要进行疏果。

1 人工授粉

4 月中旬 ~5 月上旬

在每年结果不好和确实难授粉时进行人工授粉。摘取正开着的花朵，在不同品种的花上涂抹，或者用干的毛笔尖在不同品种的花上涂抹。

授粉树品种间的适应性

雌蕊＼雄蕊	佐藤锦	红秀峰	拿破仑	月山锦	暖地樱桃
佐藤锦	×	○	○	×	—
红秀峰	○	×	○	○	—
拿破仑	○	○	×	○	—
月山锦	×	○	○	×	—
暖地樱桃	—	—	—	—	○

注：“暖地樱桃”和其他品种的开花时期大不相同。

2 摘心 提升作业

5 月

❶ 对枝的生长要控制，使枝条健壮、花芽多。枝上如果长出 3~5 片叶，就可剪掉顶梢，骨干枝（主枝、亚主枝）的顶端也要剪掉。

❷ 左图是 8 月的枝条状态。摘心后，在叶的基部长出很多茶色饱满的花芽。

3 疏果

5 月中旬 ~5 月下旬

若果实太多，要进行疏果以减少数量。这并不一定非做不行，但是疏果后可收获既大又甜的果实。

摘掉果形不好和小的果实，在一穗上可留 2~3 个果。

4 套袋 提升作业

5 月中旬 ~5 月下旬

为了防止病虫害和鸟啄食，可在疏果后用市售的果袋套住。另外，因为果实被雨淋后易出现裂果，所以从防止裂果的角度考虑也要套袋。原则上 1 个果套 1 个袋，不过，对于较近的几个果用 1 个大袋套上也可以。

5 采收

5 月下旬 ~7 月中旬

确认袋中果实的成熟度，对于已经上色的，可捏住果梗，用力摘下便可。需注意的是对于还不到采收期的果实，如果不套袋容易被鸟啄食。

6 修剪

1 月 ~3 月中旬

■枝的生长方式与果实着生的位置

3 月中旬

纯花芽（见 P22）

在长枝上，顶端附近着生叶芽，基部着生花芽。花芽和叶芽能区分开。

在长枝上不容易坐果。像右图中几个芽聚集的短枝上（花束状短果枝）容易坐果。修剪时尽可能地留下花束状短果枝。

4 月中旬

右图为开花时的状态。从花束状短果枝上开出很多的花，枝叶也正在生长。在这之后，该枝不再继续生长，若在长度 2cm 左右停止生长，就成为花束状短果枝。5 月在生长枝上摘心就容易形成花束状短果枝。另外，像右图中垂直向上生长的直立枝，使之斜向生长也容易形成花束状短果枝。

5 月上旬

右图是结果时的状态。在温暖地带果实容易落果，可用人工授粉来提高坐果率。如果气候和管理得当，像下图一样，花束状短果枝上可长出好果实。

■修剪的顺序

① 从基部疏掉不要的枝
剪掉过密枝、枯枝等不需要的枝。

② 把直立向上的生长枝拉成斜向生长枝
用细绳拉拽使枝由直立向上生长变为斜向生长。

③ 把枝条顶端 1/4 左右剪掉
把骨干枝（主枝、亚主枝）和想使之继续生长的枝顶端部分剪掉 1/4 左右。

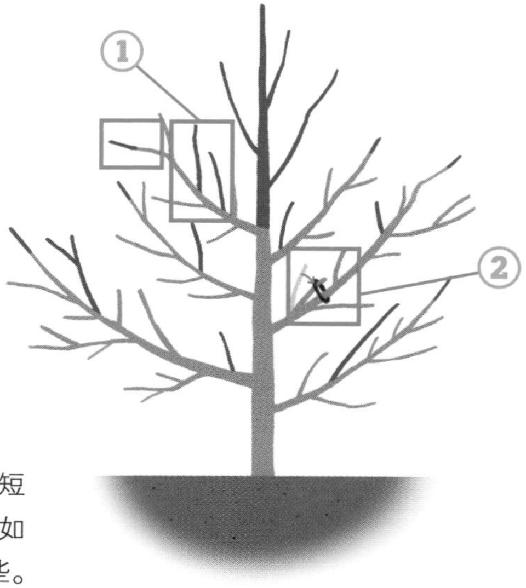

为了使更多枝条成为花束状短果枝，用绳拉拽使枝斜向生长。如果树太高，可把树顶端多剪掉一些。

---

① 从基部疏掉不要的枝

优先疏掉太密的枝、枯枝等，留下枝条总数的 1/2~2/3 即可。

③ 把枝条顶端 1/4 左右剪掉

把主枝、亚主枝和想使之继续生长的枝顶端部分剪掉 1/4 左右，可促进枝的健壮生长。若从向下着生的芽（外芽）处短截，可控制枝不必要的生长。

② 把直立向上生长的枝拉成斜向生长枝

直立向上生长的枝在第 2 年的生长发育也很旺盛，所以不易形成花束状短果枝（见 P105），也不易坐果。因此，为了使之形成花束状短果枝，对向上生长的枝用细绳拉拽使之斜向生长。细绳的另一端，固定在主枝、亚主枝或者在地面上打的桩上即可。如果结果量达到一定程度，靠果实的重量也可使枝条自然地横向生长。

■修剪前后

疏掉过密枝后，树冠通风好，树的内膛也能受到太阳光照，枝便能健壮地生长。

■病虫害防治措施

病虫害名称	发生时期	症状	防治措施
灰霉病	5~7月	临近采摘之前在果实上产生褐色的斑点，不久灰色粉状的孢子堆就覆盖病斑表面	一旦发现发病斑点，立即摘除。如果树上残留病僵果，第2年也容易发病
炭疽病	5~9月	在果实上产生茶褐色的病斑，深凹陷。在叶上也有发生，引起异常落叶	一旦发现发病部位，立即摘除
樱桃果蝇	6~7月	在成熟果实里寄生蛆状的幼虫。晚熟品种受害严重	一旦发现，连果实一起处理掉。如果很严重，就更换成早熟品种

盆栽

因为樱桃喜欢凉爽气候，不喜欢下雨，所以盆栽要选择适宜的存放场所。到采收期时搬到屋内能防止鸟啄食。

资料

■用土

推荐用果树或花木用土，如果没有，可将蔬菜用土和沼泽土（小粒）按 7:3 的比例混合使用。另外在盆底铺上 3cm 左右厚的碎石。

■栽植（盆的大小：8~15 号）

参见 P10。比起棒苗来还是推荐用大苗。

■放置场所

从春天到秋天直射日光长的地方为好，最好不要放在屋檐下被雨淋的地方。

■浇水

盆土的表面如果干了，要浇充足的水。

■施肥

如果是 8 号盆（直径 24cm），在 11 月施油渣 20g，在第 2 年 4 月施复合肥 10g，7 月施复合肥 8g。

■管理作业

参见 P103~107。

把授粉树栽在别的盆里，近距离培育。

东亚唐棣

资料	
科属名	蔷薇科，东亚唐棣属
形态	落叶乔木
树高	3m 左右，最高 10m
耐寒气温	－20℃
土壤 pH	5.5~6.5
花芽	混合花芽
隔年结果	较难

授粉树

不需要

难易度

容易

施肥（庭院种植）

如果树冠直径不到 1m，11 月施油渣 130g，4 月施复合肥 40g，7 月施复合肥 30g。

栽培日历

	1月	2月	3月	4月	5月	6月	7月	8月	9月	10月	11月	12月
栽植	■	■	■	（严寒期除外）							■	■
枝的管理	■	■	■ 修剪									
花的管理				■	开花、人工授粉							
果实的管理												
采收					■	■						
施肥				■			■				■	

耐寒并且抗病虫　六月莓

日语叫美国唐棣，因在 6 月时收获果实，所以人们亲切地称其为六月莓。

在日本与其说是作为果树栽培，还不如说是作为庭院树木栽培，被广泛栽培的原因是其花、叶（新绿、红叶）非常美丽。最近不仅将其作为庭院树木栽培，而且有更多的人是将其作为六月的莓类来培育的。其酸甜的果实连皮也能吃，还能做成果酱。

虽然较耐寒和抗病虫害，但是在干燥的地方坐果不好，请注意防护。

从树根部发出很多的萌蘖，形成丛生形树形（见 P11），以新蘖替换老枝，使树保持矮化状态。

即使栽植 1 棵树也能较好地结果，所以不需要授粉树；但若进行人工授粉，结果会更好。

■品种

品种名称	树高	丛生性	采收期		果实大小	特征
			5月	6月		
知更鸟·黑耳	高	中			小	开浅粉红色的花，受欢迎的品种
公主·女神	高	中			小	开大花的品种，秋天时的红叶很美
拉马克	高	中			中	开花和结实都很好，红叶漂亮
芭蕾女	中	强			中	开始结果时间短，开花好，分枝强
雪片莲	中	强			中	分枝强，无论是庭院栽培还是盆栽都很好
纳尔逊	低	中			大	树不是很高，在狭窄的场所用于庭院栽培和盆栽都适合

注：丛生性是指从树的基部长出很多分枝，形成像扫帚倒过来一样树形的特性。

■栽植和整形修剪（丛生形树形）

第 1 年（栽植）

时期

11 月～第 2 年 3 月（严寒期除外）

要点

栽植在日照和排水好的场所。栽植深度略浅，秋天时栽更容易成活。若从根部有分枝生长，只留下2~3个枝，其余的都剪掉。枝梢轻剪可培养健壮枝。

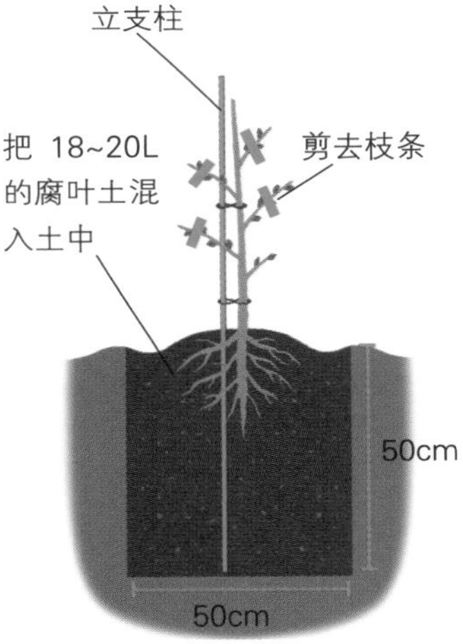

利用基部若干萌蘖发出的新枝，培育成丛生形树形（见 P11），也可如图中所示把 1~2 个主干培育成变则主干形。

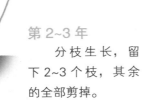

第 2~3 年

分枝生长，留下 2~3 个枝，其余的全部剪掉。

第 4 年以后

为了防止长成大树，要控制树的扩展，把过密枝和不要的枝从基部剪掉。

1 人工授粉

4月

人工授粉并不一定是必须进行的作业，但是当结果不好时就需要。用干的毛笔尖，在不同花朵中的雄蕊和雌蕊上交互涂抹。

■作业与生育周期

要点

- 对病虫害抗性强，不需要费很多工夫防治病虫。
- 很容易长成大树，所以要控制树的扩展。
- 因花芽着生在枝的尖端附近，所以可将半数左右的枝从顶端短截。

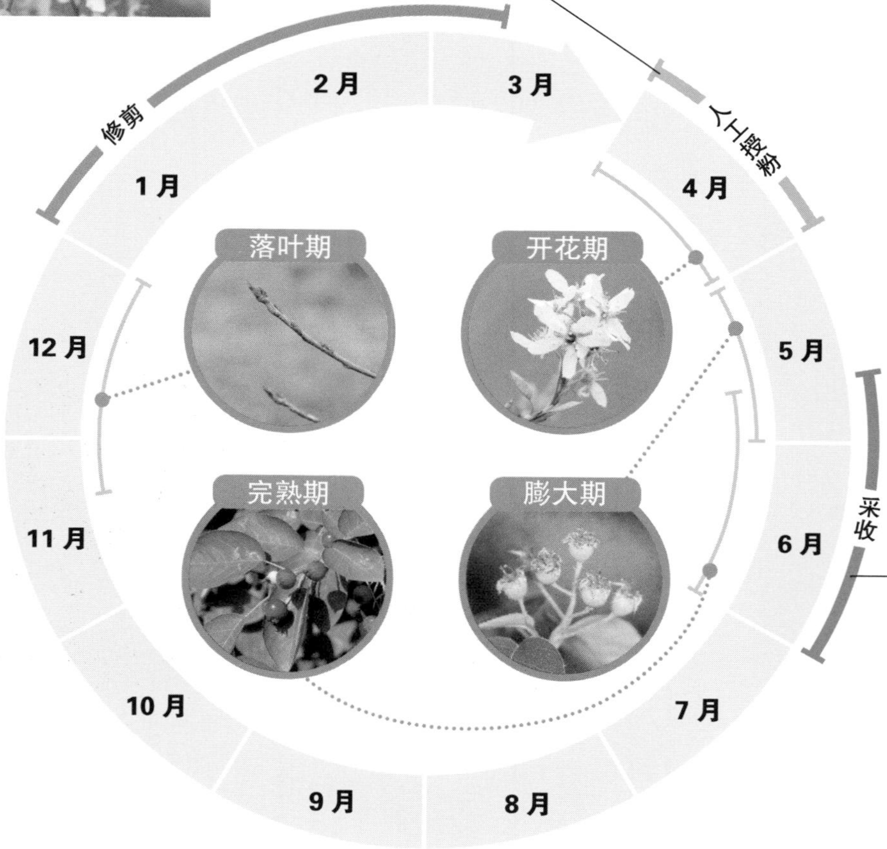

2 采收

5月下旬~6月

果实变红成熟后就可采收。像左图中的果实一样，如果变成紫红色，其酸味会骤减。可在达到自己喜欢的果实状态时采摘。

3 修剪

1 月 ~3 月上旬

■枝的生长方式与果实的着生位置

2 月下旬

混合花芽（见 P22）

花芽着生在枝的顶端附近。花芽和叶芽可以区分。

混合花芽着生在枝顶端 1~3 个芽上，大而饱满的为花芽，瘦小的为叶芽。枝叶从花芽上生长，花（果实）着生在叶的基部。在右图的枝上，顶端的 1 个芽为花芽，其余的 3 个芽为叶芽。

4 月上旬

右图为开花时的状态。花从嫩叶的基部开放，为簇状花序。

4 月下旬

右图为结果时的状态。只有从枝尖端的芽伸出的枝上才能结果。冬天修剪时如果把枝梢剪掉，就不能结果实了。果实膨大后可把枝条压成下垂状。

东亚唐棣

■修剪的顺序

① 疏剪掉分枝
疏剪掉从树基部长出的无用分枝。

② 控制树的扩展
若树长大了，就从枝分叉的地方剪截。

③ 从基部疏掉不要的枝
疏掉过密枝和平行枝等不需要的枝。

④ 把枝的顶端剪掉 1/3 左右
把留下的顶端小枝，从枝梢约 1/3 处剪掉。

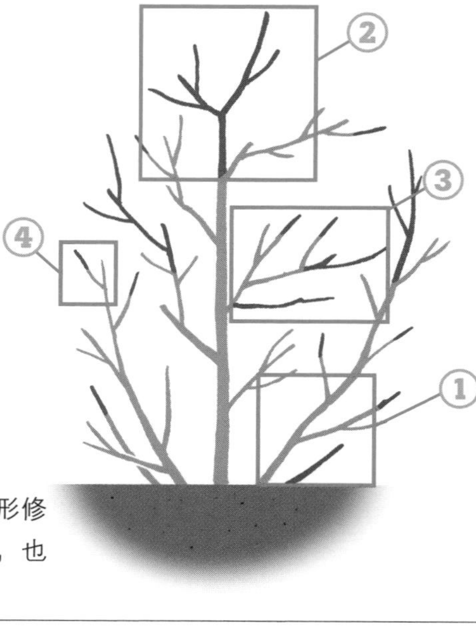

利用从树基部长出来的分枝进行整形修剪。把分枝都疏掉，留下 1 个中央主干，也可以修剪成变则主干形（见 P11）。

① 疏剪掉分枝

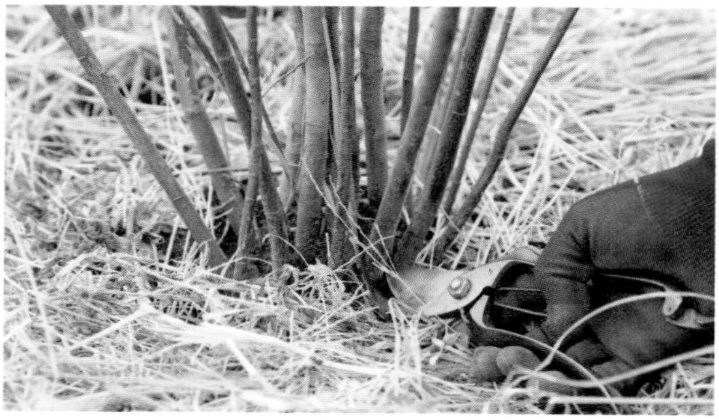

留下几个分枝，把其余的疏剪掉。如果把老枝更换成新枝，能保持较矮的树形。

② 控制树的扩展

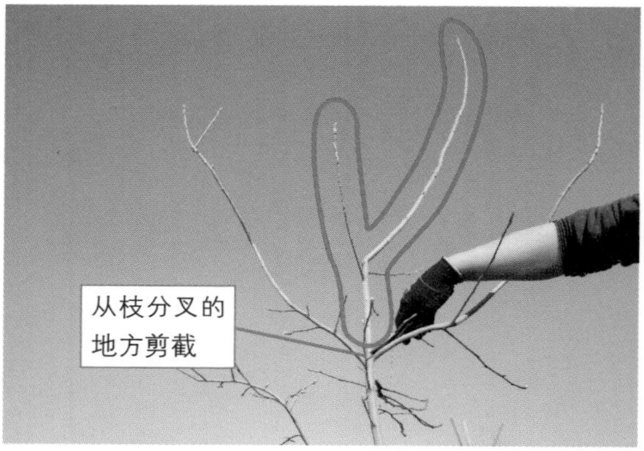

树容易长大，应从枝分叉的地方剪截，控制向上和横向的扩展。

③ 从基部疏掉不要的枝

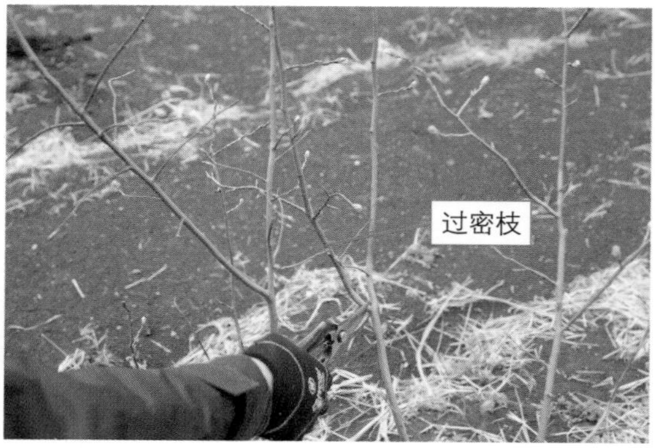

优先从基部疏掉过密枝和平行枝。第 2 年，即使枝叶生长也不会太密集。

④ 把枝的顶端剪掉 1/3 左右

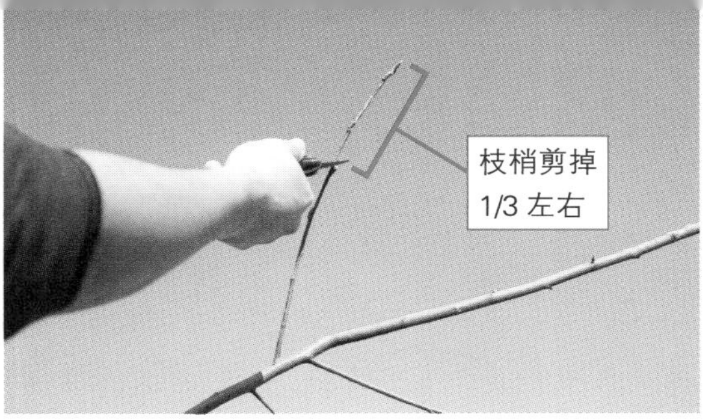

留下的枝当中，把大约半数枝的顶端短截，可促进枝的生长。但若要留下花芽，就不需要短截。

■修剪前后

即使只是疏掉分枝，也能变得通风透光，少留一些更新用的分枝。

■病虫害防治措施

病虫害名称	发生时期	症状	防治方法
蚜虫类	5~9月	寄生在嫩枝、幼叶上吸取汁液	观察枝和叶的尖端，一旦发现就立即捕杀
舟形毛虫	7~11月	幼虫群集咬食叶片	观察枝和叶，一旦发现就立即捕杀，喷适用的药剂更好
天牛	6~9月	成虫在接近地面附近的树干上产卵。其后，孵化的幼虫钻蛀树干为害，削弱树势	观察地表附近的树干，如果发现幼虫排出木屑和粪便，用铁丝插入蛀孔中扎死幼虫

盆栽

若将东亚唐棣放在干燥的地方，其结果数量就会减少，所以不要放在房屋西侧日照强的地方。

资料

■用土

选择果树或花木用土最适合。如果没有，可将蔬菜用土和沼泽土（小粒）按 7:3 的比例混合使用。另外在盆底铺上 3cm 左右厚的碎石。

■栽植（盆的大小：8~15 号）

参见 P10，比起棒苗还是推荐大苗。

■浇水

盆土的表面如果干了，要浇充足的水。

■放置场所

放在春天到秋天太阳直射光照长的地方为好。最好不要放在屋檐下被雨淋到的地方。

■施肥

如果用 8 号盆（直径 24cm），11 月施油渣 20g，4 月施复合肥 10g，7 月施复合肥 8g。

■管理作业

参见 P110~113。

和庭院栽植一样，疏掉从树干基部长出的分枝，以调整枝的数量。

李子

资料

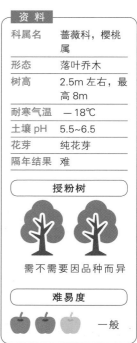

科属名	蔷薇科，樱桃属
形态	落叶乔木
树高	2.5m 左右，最高 8m
耐寒气温	－18℃
土壤 pH	5.5~6.5
花芽	纯花芽
隔年结果	难

授粉树

需不需要因品种而异

难易度

一般

■施肥（庭院种植）

如果树冠直径不到 1m，在 2 月施油渣 130g，5 月、9 月分别施复合肥 30g。

■栽培日历

	1月	2月	3月	4月	5月	6月	7月	8月	9月	10月	11月	12月
●栽植	▬	▬	▬	（严寒期除外）							▬	▬
●枝的管理	▬	▬	修剪								修剪	▬
●花的管理			▬	▬	开花、人工授粉							
●果实的管理					▬	▬ 疏果						
●采收						▬	▬	▬	▬			
●施肥		▬			▬				▬			

栽培场所和选择授粉树的注意事项

在庭院内栽培的李子，分为日本李子和李干。日本李子也称为洋李，在日本从奈良时代开始栽培。李干这一名称本来是欧洲李子当中作为干果用的品种，但是在日本都作为欧洲李子的总称使用着。

李子开花结果时期较早，被雨淋后果实容易裂，不用担心晚霜问题，适合在 6~9 月降水少的地区栽培。在栽植时要注意的是需要选择日照和排水好的地方。另外，在选择授粉树时也需要注意其适应性。除了要考虑开花期的适应性外，如果遗传方面不适应也不能结果（见 P115）。

李子给人的印象是酸，但是如果完全成熟，甜味感比酸味感更强。因果皮有一种独特的涩味，如果介意可剥了皮再吃。

■品种

品种名称		授粉树	采收 6月	采收 7月	采收 8月	采收 9月	单果重/g	特征
日本李子	大石早生	需要	■	■			50	早熟品种中的基本品种。因为在梅雨季节成熟，果实的品质易受气候影响
	美丽	不需要	■	■			40	不需要授粉树。因为花粉多，宜作为“大石早生”等品种的授粉树
	贵阳	需要		■	■		200	因果极大、口感又好，所以很受欢迎。宜选“针木”作为授粉树
	太阳	需要			■		150	大果、口感良好。如果被雨淋了可能会造成裂果，“针木”适合作为其授粉树
李干（欧洲李子）	斯坦利	不需要			■	■	50	果皮紫黑色，外观很美。口感好
	山李干	不需要				■	30	虽然果小，但是甜味感很强，结实好，易栽植

注：日本李子和李干（欧洲李子）的开花期多数不相吻合，难以互相用作授粉树。

■栽植和整形修剪（自然开心形树形）

第 1 年（栽植）

时期

11 月 ~ 第 2 年 3 月（严寒期除外）

要点

栽植在日照和排水良好的场所。棒苗地上部留下 50cm 高，以上的部分剪掉以促进其生长。在附近栽上需要的授粉树。

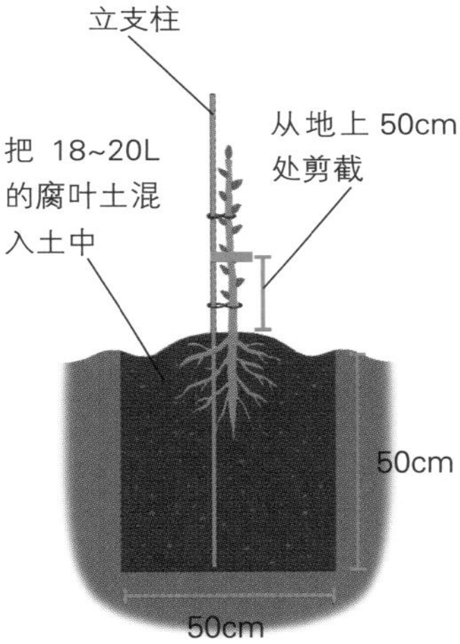

以两个主枝为中心把树修剪成自然开心形（见 P11）。

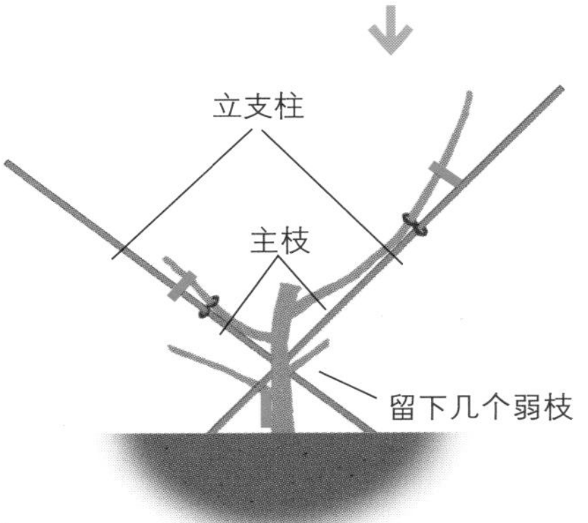

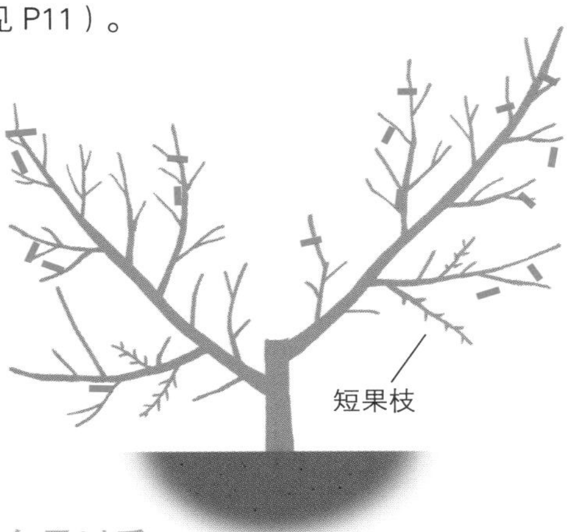

第 2 年

选择两个能成为骨干的枝（主枝），立上支柱使其斜向生长。在长成大树之前留下几个弱枝。

第 3~4 年及以后

主枝扩展开以后，尽量地留下横向生长的枝，把枝梢剪掉，以促发能结果的短果枝。

1 人工授粉

3 月下旬 ~4 月

在每年结果不好时进行人工授粉。

摘取其他品种的花，将雄蕊向其他花的雌蕊上涂抹。或者，用干毛笔尖将不同品种的花交互涂抹。

■作业与生育周期

要点

- ●在附近栽植需要的授粉树。
- ●疏果以促进果实的膨大。
- ●短果枝比长果枝易着生花芽。

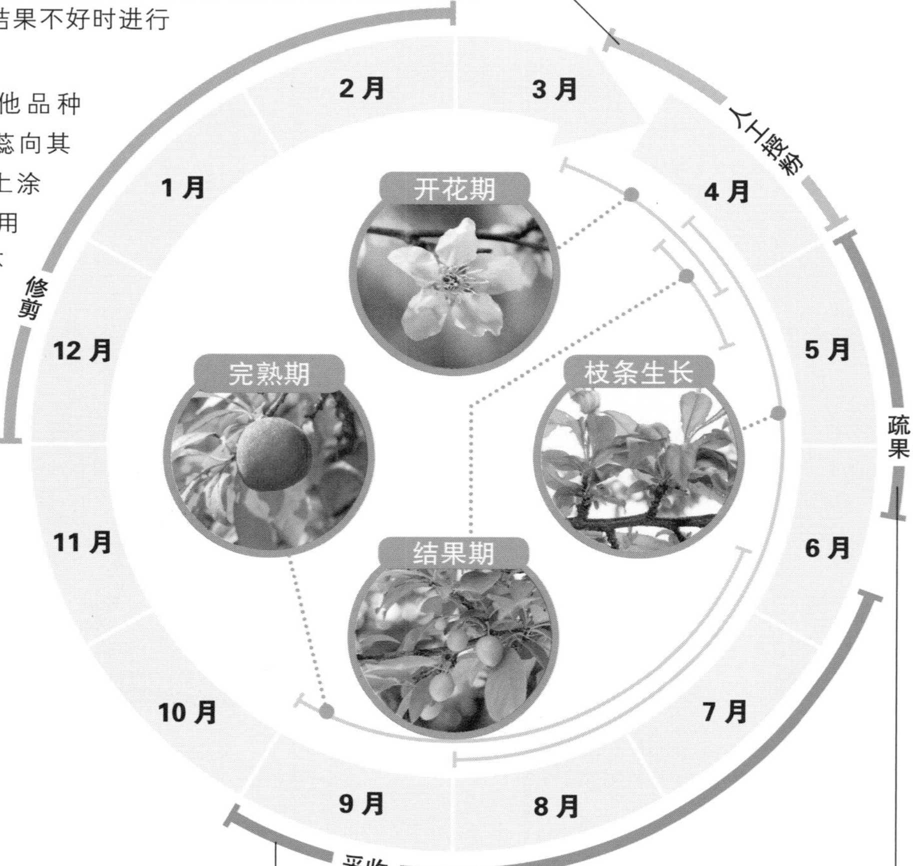

3 采收

6 月下旬 ~9 月

用手依次摘下已上色且完熟的果实。未成熟的果实如果采收会很酸。因为果皮稍微带点涩味，如果介意可剥皮后再吃。

2 疏果

5 月 ~6 月上旬

果实长到小玻璃球那么大时，按照 16 片叶留 1 个果（果实的间隔为 8cm）的大致比例进行疏果。

4 修剪

12 月～第 2 年 4 月

■枝的生长方式与果实的着生位置

2 月下旬

纯花芽（见 P22）

花芽在生长的枝上都有分布。胖大的是花芽，瘦小的是叶芽。不过在开始时因为芽很小较难区分。

在短果枝中，密生着几个花芽的更短的果枝（花束状短果枝）上，很容易结果实，在修剪时最好把短果枝和花束状短果枝适度地留下。

3 月下旬

右图为开花时的状态。首先是花开，然后枝叶开始生长。如果结果不好可用其他品种的花进行人工授粉。

4 月中旬

右图为枝伸长时的样子。在开花后叶片长出来，枝也生长，但是短果枝生长的极少。在花着生的地方可看到小果实。

5 月上旬

右图中有逐渐膨大的果实。待其长到小玻璃球那么大时，进行疏果，果与果的间隔大约为 8cm。

修剪的顺序

① **顶端的枝留下 1 个，把其余的疏剪掉**
为了不减弱枝的长势，顶端的枝留下 1 个，把其余的疏掉。

② **从基部疏剪掉不要的枝**
疏剪掉过密枝、直立生长的枝等不需要的枝。

③ **疏掉花芽**
如果短果枝分枝上的花芽过多，可选择性地疏掉花芽。

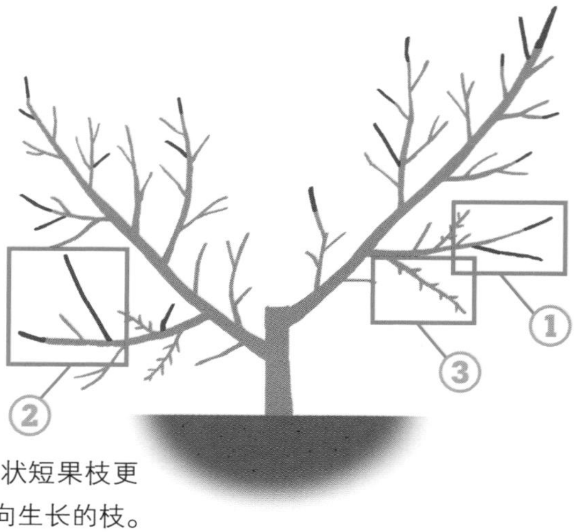

为了使短果枝和花束状短果枝更多地结实，要优先留下横向生长的枝。

① 顶端的枝留下 1 个，把其余的疏剪掉

若枝的上部有几个分枝，把直立生长并且健壮的 1 个枝留下，其余的枝疏掉。留下的枝，从顶端剪掉 1/3 左右以促进枝的生长。

② 从基部疏剪掉不要的枝

从基部疏掉过密枝和直立生长的枝，增强通风透光能力。

③ 疏掉花芽

从短果枝和花束状短果枝（见 P117）分叉的枝上长出花芽过多，若有多个枝长出，可把基部附近的花芽留下，其余的疏掉。

■修剪前后

把顶端的枝留下 1 个，其余的疏掉，并且把留下的枝短截。直立枝疏掉后，留下的花束状短果枝上就会结出果实。

■病虫害防治措施

病虫害名称	发生日期	症状	防治方法
灰霉病	5~9月	在临采收前果实上产生褐色的斑点，之后在果实的表面上覆盖灰色粉状的孢子堆	一旦发现发病部位，立即除掉。因为如果留下僵果，第2年发病更重
食心虫类	5~9月	梨小食心虫啃食果实和枝梢	套上果袋，观察枝梢，一旦发现立即除去
介壳虫类	6~10月	桑白蚧等寄生在枝干上吸取汁液	一旦发现，立即用牙刷刷掉虫体。在冬天喷洒机油乳剂的防治效果也很好

盆栽

进行盆栽时，如果放在屋檐下等雨淋不着的地方，几乎不发生灰霉病等病害。

资料

■用土

用果树或花木用土最适合。如果没有，可将蔬菜用土和沼泽土（小粒）按 7:3 的比例混合使用。另外在盆底铺上 3cm 左右厚的碎石。

■栽植（盆的大小：8~15 号）

参见 P10。比起棒苗来还是推荐大苗。

■放置场所

放在春天到秋天直射日光长的地方为好。如果放在屋檐下等雨淋不着的地方，不发生病害。

■浇水

盆土的表面如果干了，要浇充足的水。

■施肥

如果用 8 号盆（直径 24cm），2 月施入油渣 20g，在 5 月和 9 月分别施复合肥 8g。

■管理作业

参见 P116~119。

和庭院栽培一样，把树形修剪成自然开心形（见 P11）。

梨

资料

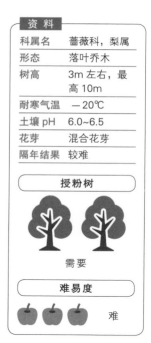

科属名	蔷薇科，梨属
形态	落叶乔木
树高	3m 左右，最高 10m
耐寒气温	－20℃
土壤 pH	6.0~6.5
花芽	混合花芽
隔年结果	较难

授粉树

需要

难易度

难

施肥（庭院种植）

如果树冠直径不到 1m，在 2 月施油渣 200g，5 月施复合肥 45g，9 月施复合肥 30g。

栽培日历

	1月	2月	3月	4月	5月	6月	7月	8月	9月	10月	11月	12月
栽植	■	■	■	（严寒期除外）							■	■
枝的管理	■	■ 修剪			■ 摘心						修剪	■
花的管理				■ 开花、人工授粉								
果实的管理				疏果	■	■	■	套袋				
采收								■	■	■		
施肥		■			■				■			

在庭院不用立架，用自然生长方式栽培

在日本栽培的梨大体分为日本梨和西洋梨。日本梨有爽脆可口、新鲜的特点，生产量仅次于柑橘类和苹果；西洋梨在采摘后需催熟 2 周左右，这样吃起来浓香甜蜜。梨不太抗病虫，在管理作业时需注意的要点很多。首先是授粉树，要选择开花期和遗传性相适应的品种（见 P121）。适应性好的品种间如果再进行人工授粉，其结果会很好。要想培育成市售梨那么大的果实，疏果是必须要做的。

让枝水平生长易形成花芽、易坐果，所以大多数的果农采用立架栽培（特别是日本梨）。但是用立架栽培，管理和修剪时很难操作，所以在庭院栽培时推荐用自然生长的树形培育。和立架栽培时一样，自然生长时使枝水平生长是关键。

■品种

品种名称		适宜的授粉树	采收期 8月	采收期 9月	采收期 10月	单果重/g	特征
日本梨	幸水	丰水、秋月	■	■		300	很甜、汁多的基本品种，在修剪时使枝年轻化是关键
	丰水	幸水、王秋		■	■	350	口味甜酸的品种，但果肉不适合与蜂蜜搭配食用，会影响口感
	秋月	幸水、王秋		■	■	500	果大、甜味强。比较新的品种，在日本才开始栽培，不易形成花芽
	王秋	丰水、秋月			■	650	代替“新高”而兴起来的晚熟品种。酸味和香味很强。不适宜作为“幸水”的授粉树
西洋梨	罗法梨	路来客、幸水			■	250	锈果（见 P25）多，外观稍差，但是口感、肉质、香味都是一流的
	路来客	罗法梨、幸水			■	350	果实呈葫芦形，口感和香味极佳

注：适应性是从花期的适应性和遗传的适应性两方面来判断的。

■栽植和整形修剪（自然开心形树形）

第 1 年（栽植）

时期

11 月 ~ 第 2 年 3 月（严寒期除外）

要点

栽在日照和排水良好的地方。在夏天如果持续干旱要浇水，不能使根干枯。在家庭不使用立架栽培，而是采用树木自然生长的树形培育，培育成自然开心形再修剪就简单了。

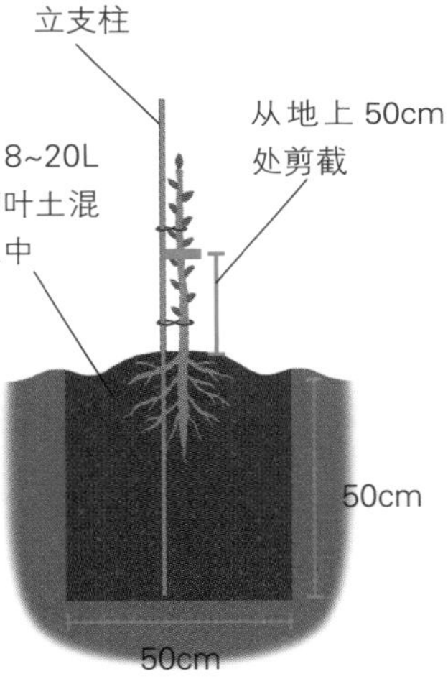

培育 3~4 个主枝为中心，控制树高，修剪成自然开心形（见 P11）。用立架栽培也可（见 P11），但管理难度较大。

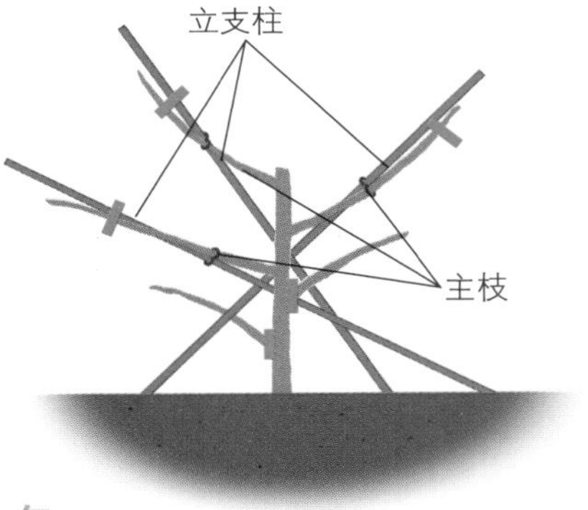

第 2 年

选择成为骨干的 3~4 个枝，短截枝梢，立上支柱使枝斜向生长。把其余的弱枝从基部剪掉。

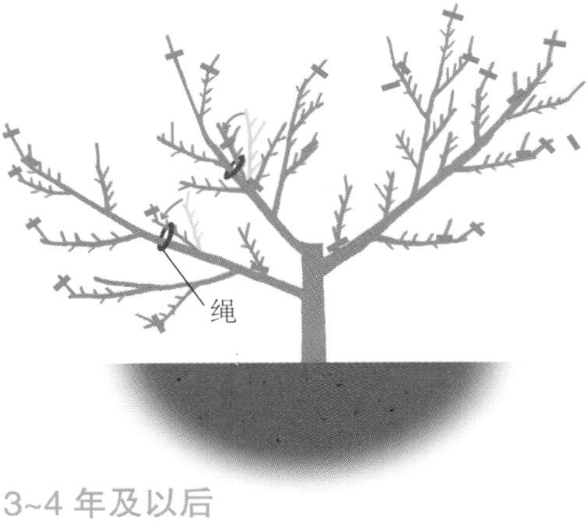

第 3~4 年及以后

主枝展开后，尽可能地留下横向生长的枝，并短截枝梢，以促发果实着生的短果枝。

■作业与生育周期

要点

- 在附近栽植适宜的授粉树。
- 进行疏果可收获到大个的果实。
- 因为易长成大树，所以要修剪成紧凑型。
- 为了促发短果枝，应把枝固定使其水平生长。

1 人工授粉 （见 P123）

为了保证授粉效果，用不同品种的花粉在花上涂抹。

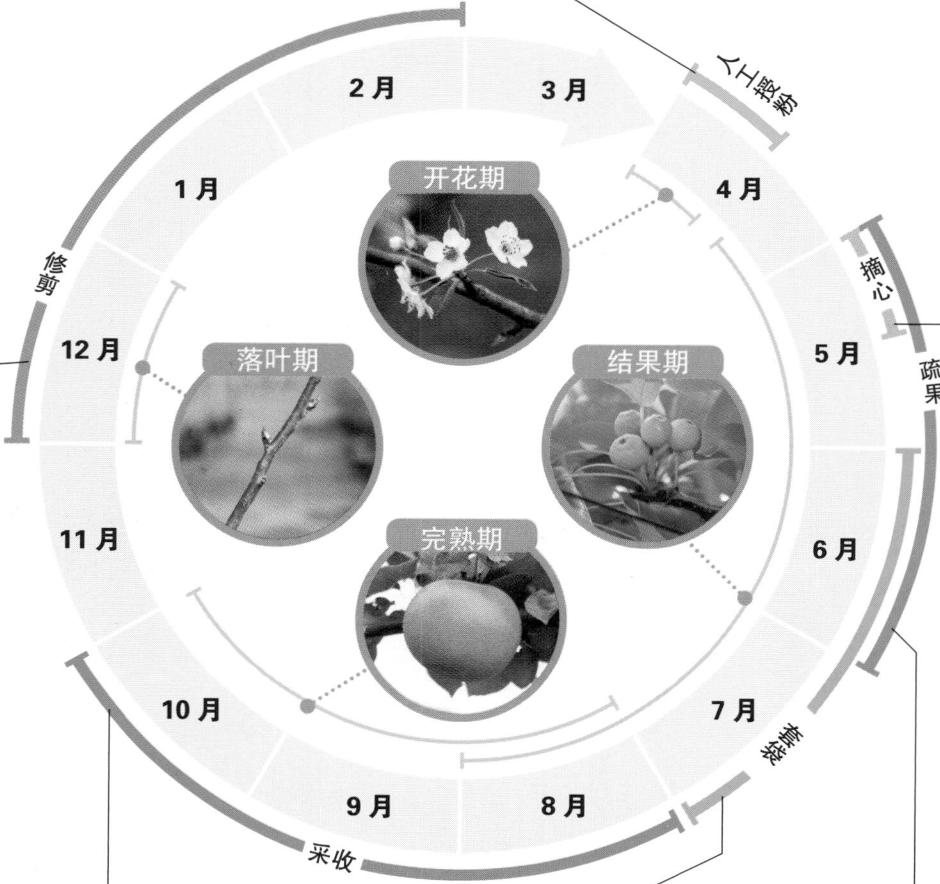

5 采收 （见 P124）

留下过青的果实，把完熟的果实依次采收。

4 套袋 （见 P124）

套袋可防止病虫侵害。

2 疏果 （见 P123）

为了使果长成大果，应疏掉过多的果实。

6 修剪 （见 P125）

剪枝，培育成紧凑型的树。

3 摘心 （见 P124）

为了控制枝的不必要生长，需剪掉枝梢。

1 人工授粉

4 月上旬 ~4 月中旬

通过人工操作使授粉完全。摘取其他品种的花朵，用雄蕊向其他花朵的雌蕊上涂抹，用 1 朵花可以给另外的 10 余朵花授粉。也可用毛笔尖在不同品种的花上相互涂抹，但要注意品种间的适应性。

2 疏果

5~6 月

① 因为簇果是多个果实在 1 处簇生，所以首先要进行疏果，使每处留下 1 个果。对于基部没有叶片的簇果，其果实要全部疏掉。

② 其次，每 25 片叶留 1 个果（3~4 个簇果中留 1 个果），以这个比例进行疏果。

优先疏掉的果实

在疏果时留下外形好且正常的果实（下图中最右边的 1 个为正常的果实），对于不正常的果实，如保留着萼（有蒂果）、伤果、小果、未授粉的果实，都要疏掉。

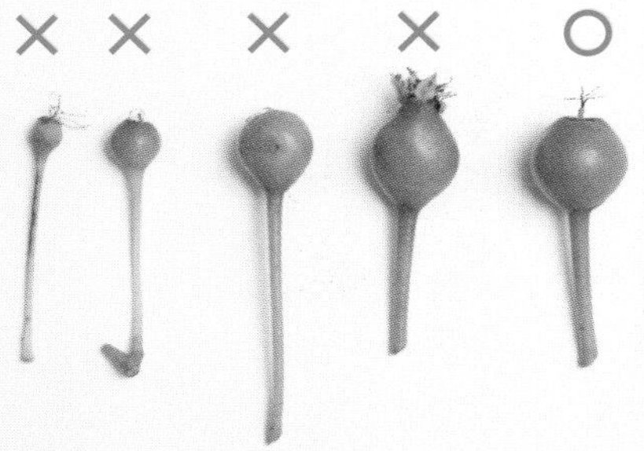

3 摘心

提升作业

5 月上旬 ~5 月中旬

控制枝不必要的生长，使枝健壮并更多地着生花芽。修剪时，对于从留下的横向生长枝中间部分发出来的枝，在 5~6 片叶处短截。枝梢和从骨干枝（主枝、亚主枝）上长出来的枝，不需要摘心。

4 套袋

6~7 月

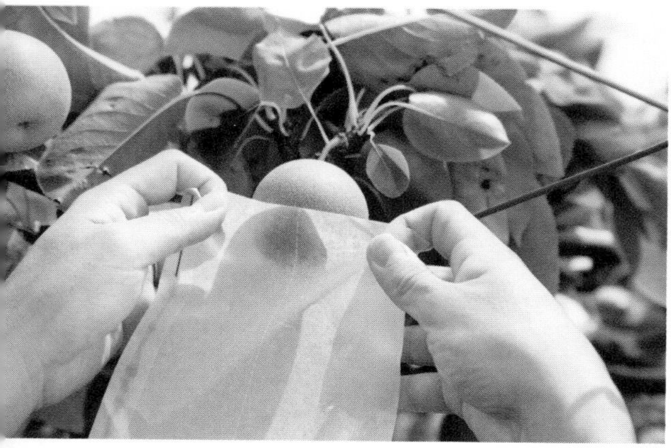

为了防止病虫侵害，可将市售的果袋套在果实上。为了不留下缝隙，需用铁丝把袋口扎紧。

5 采收

8~10 月

① 当果实青绿色褪掉时就可以采摘了。拿住果实向上用力就可采下。如果只看颜色不好判断是否成熟，可通过品尝来判断。

② 若留下果梗（果着生的轴），存放时会损伤其他果，所以要用剪刀从深处剪掉。西洋梨采收后，要在 10~15℃条件下进行 2~3 周的催熟。

6 修剪

12 月 ~ 第 2 年 2 月

2 月上旬

混合花芽（见 P22）

花芽着生在整个生长的枝上，和叶芽能区分开。

胖大的是花芽，瘦小的是叶芽。一般像右图这样利用较多的是在短果枝顶端着生的花芽，而在横向生长的枝上易着生短果枝。像短果枝不易枯死的“丰水”和“王秋”品种主要利用短果枝；而短果枝在 2~3 年就枯死的“幸水”和“秋月”等品种，利用较多的是生长的长果枝中花芽着生多的水平生长的枝。

3 月下旬

右图为花芽、叶芽萌发后几天的状态，可看到蕾和嫩叶。1 簇花芽（花丛）上有 8~10 个蕾。

4 月上旬

右图为开花时的状态。开花后，可用适宜授粉品种的花进行人工授粉。

5 月上旬

右图为果实着生时的状态，因为是混合花芽，果实着生在生长的枝上，应进行疏果。若着生果实的枝条生长到 1cm 左右就停止，可作为短果枝在第 2 年继续利用。如果还继续生长就要摘心。

■枝的生长方式与果实的着生位置

梨

■修剪的顺序

① 对直立枝进行疏枝，留下的使之横向生长

把骨干枝（主枝、亚主枝）上长出的直立枝疏除，留下的枝用细绳固定，使之横向生长，短截枝梢。

② 把不要的枝从基部剪掉

把过密枝和不需要的枝疏掉，留下的枝短截枝梢。

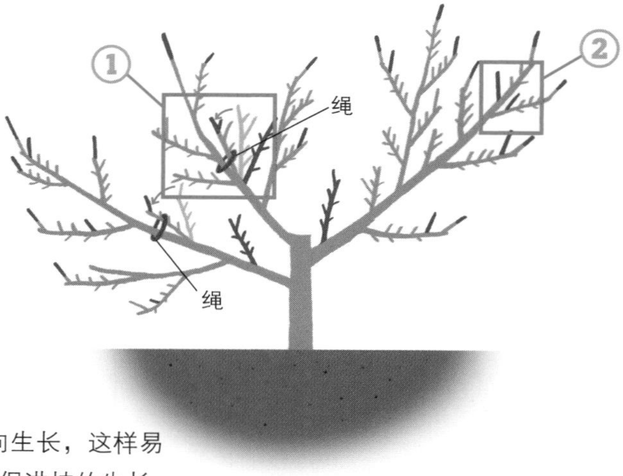

把枝用绳拉拽使之横向生长，这样易长出短果枝。短截枝梢也可促进枝的生长。

---

① 对直立枝进行疏枝，留下的使之横向生长

❶ 把枝拉拽成横向生长，控制枝不必要的生长，以促发短果枝。首先，把主枝和亚主枝上的直立枝疏掉，从同一地方长出的枝留 3 个以内即可。

❷ 把留下的枝用细绳拉拽使之横向生长。细绳的另一端固定在下面的粗枝或地面打的桩上即可。向下拉拽的枝利用多年后，从中间着生的短果枝上长出的枝叶会停止生长，开始枯死。如果短果枝变少，把下垂枝从基部疏掉，再拉拽新枝使之横向生长。“丰水”和“王秋”品种的短果枝生长周期长，“幸水”和“秋月”品种的短果枝生长周期短。

❸ 把拉拽使之横向生长的枝，从顶端短截 1/3 左右，以促进枝的生长。从向下着生的芽（外芽）的上面短截，尽量减少不需要枝的生长。

② 把不需要的枝从基部剪掉

把过密枝、平行枝、直立枝（疯长枝）等不需要的枝从基部剪掉，保留的枝从枝的顶端短截 1/3 左右。

■病虫害防治措施

病虫害名称	发生时期	症状	防治方法
黑星病	4~11 月	在枝、叶、果实上形成圆形黑色的斑点	在发生初期把受害部分摘下进行处理，在修剪时要将病原菌潜伏着的枯枝处理干净
锈病	4~9 月	梅雨季节前后，在叶的背面出现像毛一样的东西（毛状体），9 月以后变成黑色	在毛状体生长以前，把感染的叶片清除掉。在附近不要栽植可成为寄主的柏类树
毛虫类	6~10 月	舟形毛虫和美国白蛾等蛾的幼虫啃食叶片	观察枝的顶端，一旦发现，立即人工捕捉或喷洒杀虫剂
食心虫类	4~10 月	4~6 月寄生在枝的顶端，7 月以后钻入果实内部咬食	套袋，观察枝的顶端，一旦发现立即进行捕杀

盆栽

进行盆栽时，如果放在屋檐下不被雨淋着，几乎不发生黑星病等病害。

资料

■用土

用果树或花木用土最适合。如果没有，可将蔬菜用土和沼泽土（小粒）按 7:3 的比例混合使用。另外在盆底铺上 3cm 左右厚的碎石。

■栽植方法（盆的大小：8~15 号）

参见 P10。比起棒苗来还是推荐用大苗。

■放置场所

放在从春天到秋天直射日光长的地方为好。最好不要放在屋檐下被雨淋到的地方。

■浇水

盆土的表面如果干了，要浇充足的水。

■施肥

如果用 8 号盆（直径 24cm），2 月施油渣 35g，5 月施复合肥 10g，9 月施复合肥 8g。

■管理作业

参见 P123~127。

在附近同时栽植授粉树，进行人工授粉就能结实。

枇杷

资料

科属名	蔷薇科，枇杷属
形态	常绿乔木
树高	3m 左右，最高 10m
耐寒气温	－13℃（果实 –3℃）
土壤 pH	5.5~6.0
花芽	纯花芽
隔年结果	难

授粉树

不需要

难易度

一般

施肥（庭院种植）

如果树冠直径不到 1m，在 9 月施油渣 150g，在 3 月施复合肥 45g，在 6 月施复合肥 30g。

栽培日历

	1月	2月	3月	4月	5月	6月	7月	8月	9月	10月	11月	12月
栽植		■	■									
枝的管理			疏芽	■		疏芽	■	修剪	■	■	疏芽	
花的管理	■	■	疏蕾、疏花						疏蕾、疏花	■	■	■
果实的管理			■	■ 疏果、套袋								
采收					■	■						
施肥			■			■			■			

采取保暖措施和疏果，培育大个的果实

初夏的景物——枇杷，在庭院里树枝会被压得弯弯的、结着小果实的果树。为什么庭院栽培的枇杷比市售的枇杷个小呢？

庭院栽培果实小的原因之一是结果期要经过寒冷的冬天，枇杷是从晚秋到冬天开花、以幼果越冬的稀奇果树，树本身能耐－13℃的低温，但是如果果实温度降到－3℃以下，大部分种子就会冻坏，所以长不大。如果在低于这个气温（－3℃）的地区盆栽，冬天时就要搬到室内。

第二便是疏果。越过寒冬的果实在 3~4 月进行疏果，再大一点时疏果也行。像这样如果采取保暖措施和疏果，即使在庭院也能收获到个大的果实。

通常的果树是从冬天到初春进行修剪，但是在这时期枇杷树着生着果实，只能到枝叶生长发育缓慢的 9 月再修剪。

■品种

品种名称	树姿	采收期		单果重/g	特征
		5月	6月		
长崎早生	直立型	□□□□■■■■■■■■	□□□□□□□□□□□□	50	早熟品种，酸味弱、香味强，口感好，开花期早，果实不太耐寒
夏收	直立型	□□□□□□□□■■■■	■■■■□□□□□□□□	60	新品种，有甜味强、果肉柔软的特点。在早熟品种中属于大果类型
丽月	直立型	□□□□□□□□■■■■	■■■■□□□□□□□□	50	新品种，在枇杷中比较特别，因用自己的花粉授粉结果不好，所以需和另外的品种一起种植
福原枇杷	直立型	□□□□□□□□■■■■	■■■■□□□□□□□□	80	以“王后长崎”这一别名上市。特大果的品种。口感稍微清淡，但是有独特的香味
茂树	直立型	□□□□□□□□■■■■	■■■■□□□□□□□□	45	代表性的品种，在日本生产量最多。虽然是小果，但是甜味强、多汁
大房	开张型	□□□□□□□□□□□□	■■■■■■■■□□□□	80	开花期晚，是果实耐寒性最强的品种，口感稍微清淡，但是果很大
田中	开张型	□□□□□□□□□□□□	□□□□■■■■■■■■	70	和“茂树”一样，是代表性的品种。树姿张开，容易培育。虽然晚熟，但是果大，耐寒性强

注：直立型是指枝向正上方生长的类型，开张型是指枝横向生长的类型。

■栽植和整形修剪（变则主干形树形）

第 1 年（栽植）

时期

2 月中旬 ~3 月

要点

不要在以前有别的果树患白纹羽病而枯死的地方栽植。因为细根少，所以对粗根进行轻剪，展开根栽上即可。注意不要栽得太深。

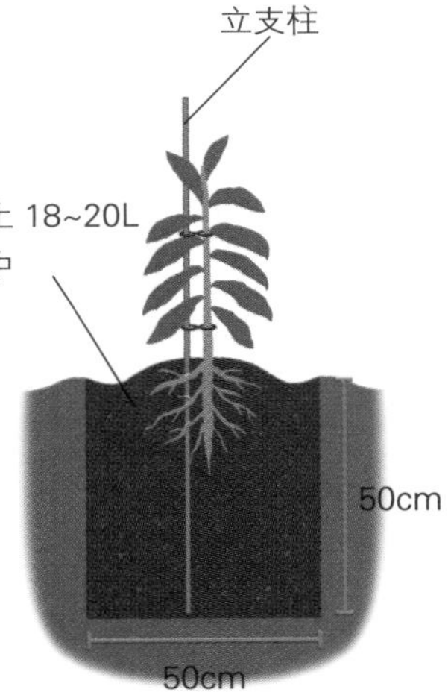

如果放任自然生长，容易长成大树，故应把树修剪成变则主干形（见 P11），控制树高。

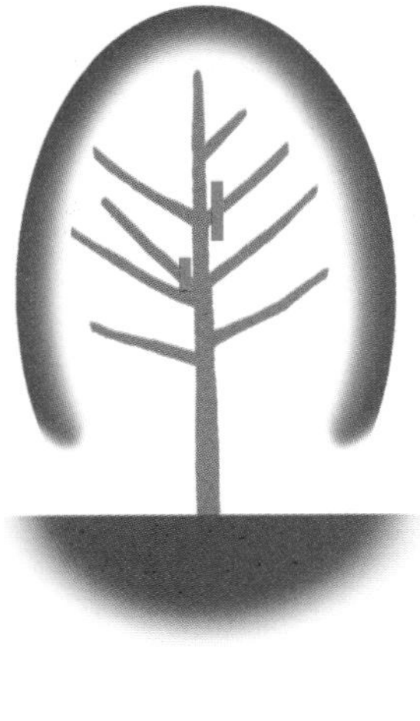

第 2~3 年

从同一个地方长出来多个枝时，剪掉其中的几个即可。

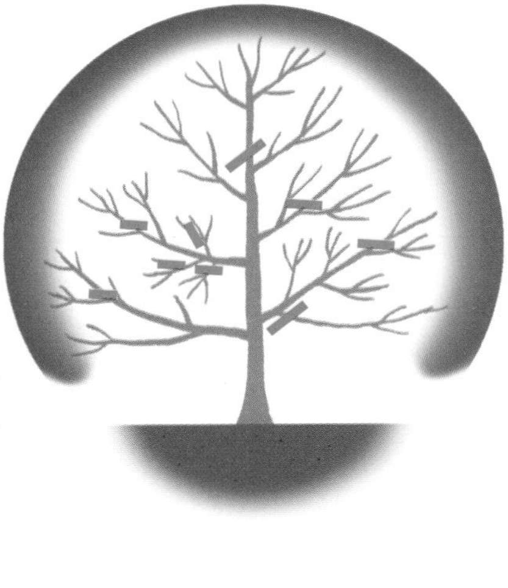

第 4 年及以后

剪掉树的顶端以降低树高。第 1 年不要剪得太多，分成几年逐渐地向下剪。

■作业与生育周期

要点

- 枇杷到 11~12 月才开花，是以果实越冬的稀奇果树。
- 冬天温度在 –3℃以下时，果实易冻伤、落果。
- 春天时若不疏果，果实长不大。
- 修剪要在枝叶生长发育缓慢的 9 月进行。

1 疏蕾、疏花 （见 P131）

尽可能早地疏蕾、疏花，以减少养分的损失。

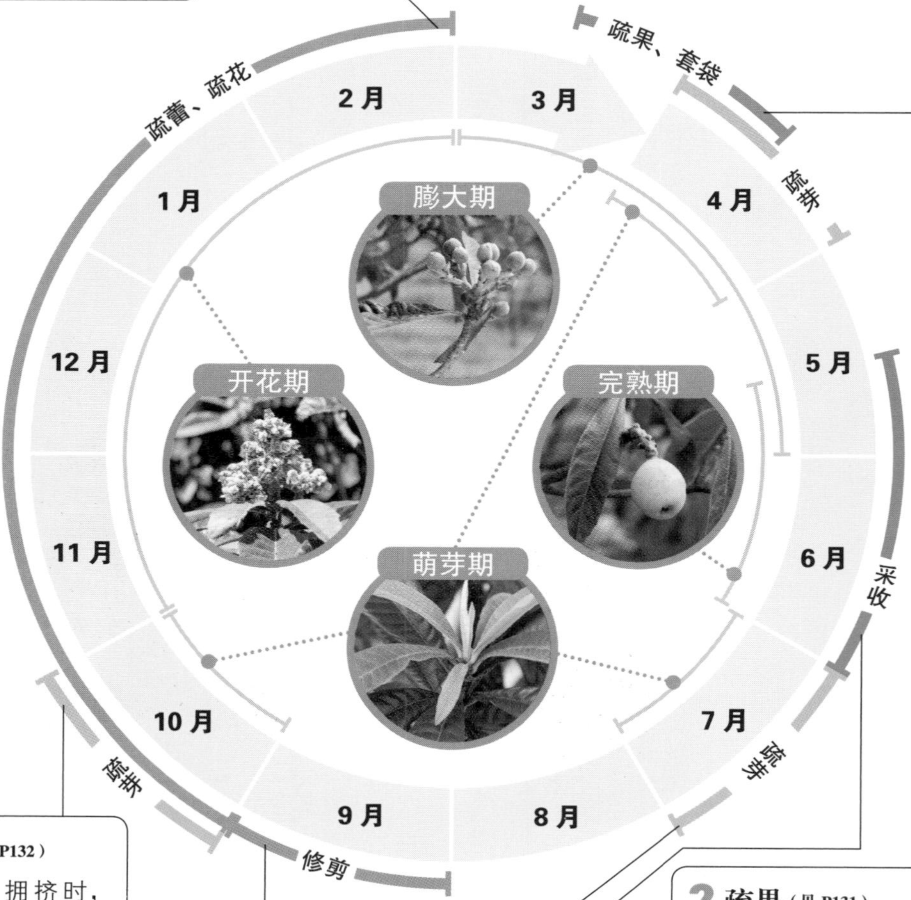

4 疏芽 （见 P132）

枝过密拥挤时，要及时疏芽、疏枝，防止枝长得太细。

6 修剪 （见 P133）

剪掉 10%~30% 的枝叶。

5 采收 （见 P132）

选择完熟的果实进行采收。

2 疏果 （见 P131）

为了提高果实的品质，要进行疏果。

3 套袋 （见 P131）

套袋，以防止病虫等为害。

1 疏蕾、疏花

10月～第2年2月

因为 1 个花序上就有 100 个左右的花，为了减少养分的损失，所以要在蕾期和开花期分批疏掉。开花后再疏也可，但越早进行效果越好。

耐寒性强，把下面容易套袋的 2~3 层花蕾留下，把上层的蕾和花疏掉。疏蕾、疏花后把像天平样形状的花留下是最理想的。像“茂树”和“长崎早生”这样果实小、花向上开的品种，留下上面的 2~3 层也可。

2 疏果

3 月中旬 ~4 月中旬

3 月中旬前后，经过授粉、受精，并且耐过寒冷后的果实，长到大豆粒那么大，可以和枯死的果实区分开。进行疏果以培育成又甜又大的果实。像“田中”这样的大果品种每根轴上留下 3~4 个果。疏果的目标大体为每个果大约有 25 片叶。

3 套袋

3 月中旬 ~4 月中旬

因果实的表面很细嫩，为了防止病虫害和刮风碰撞等损伤，所以要套袋。

疏果后留下的果实要套袋。原则上每个果套 1 个袋。像“茂树”这样果实小的品种，用葡萄等使用的大果袋套在每个果穗上也可。

4 疏芽

提升作业

4 月、7 月、10 月

每处有 2~5 个枝生长着。如果都留下，则因过密导致每个枝都长得很细，所以要尽早疏芽，一般在枝条生长的 4 月、7 月、10 月进行。

疏掉过多的芽使每个地方留 2 个枝左右即可。如果是早期进行，用手摘除即可。

5 采收

5 月中旬 ~6 月

① 完熟的果实酸味没了，会变得很甜。取下果实袋，看看着色的情况，确定完熟之后即可采收。

把果实从脐部剥开

可以像剥香蕉那样，从果梗处开始剥皮，但是若从果顶部（脐部）开始剥皮则会很顺利干净地剥开。

② 捏住果梗向上用力，即使不用剪刀也能采摘。因为果实的表面很细嫩，所以注意不要损伤果面。

6 修剪

9月

枝的生长方式与果实的着生位置

10月中旬

纯花芽 （见 P22）

花芽着生在枝的顶端，这时花芽和叶芽不好区分。

在修剪适期的 9 月，在哪儿有蕾着生用肉眼还不好判定。在 10 月前后时，才从枝的顶端现出花蕾。为此在修剪时要注意不要把所有枝的顶端都剪掉。

12月中旬

1 朵花的开花时间虽说不到 1 周，但 1 个花穗上有 100 个左右的花着生，开花时间可以从 11 月持续到第 2 年 2 月。像右图中的花穗因为已经疏蕾了，所以只有 3 轴花。

3月下旬

随着气温的回升，果实开始膨大。此时，生长的果实和不生长的果实就能区分开。如果疏果，果实会长得更大。

5月上旬

果实继续膨大之后就会成熟。从疏果的果梗后面，在第 2 年春梢就产生了。7 月前后，在这个春梢的顶端如果着生花芽，到了下一年就可开花结果。不过，比起这种带着果实的枝的顶端来，还是不带果实的春梢到下一年更容易结果。

■修剪的顺序

① **控制树的扩展**
如果枝扩展得太厉害，就在分枝的地方剪除。

② **在 1 个地方留 2~3 个分枝，其余的剪掉**
枝如果长出好几个，在 1 个地方留下 2~3 个，其余的剪掉。

③ **叶少的老枝要剪掉**
基部附近的叶脱落变弱的枝，要从基部剪掉更换成新枝。

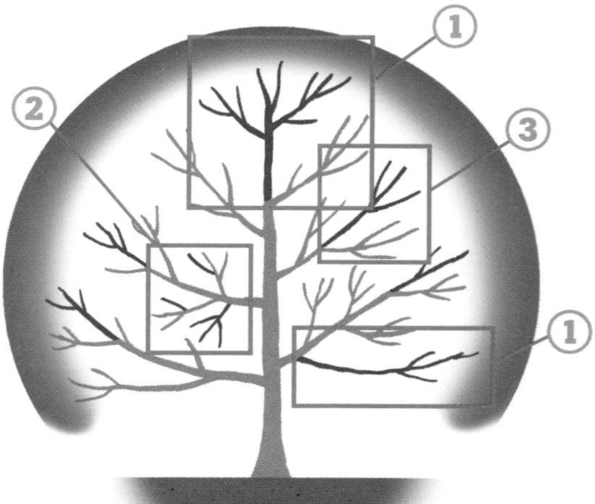

若从同一个地方长出好几个枝条，则要进行修剪，不能使其太密。

① 控制树的扩展

因为枇杷很容易长成大树，所以必须要控制向上和横向扩展的枝。

要想控制树的扩展，可在分枝的地方剪截。如果在枝的中间短截，长的粗枝就会长出来，所以要注意。对于向上扩展的，也同样在分枝的地方剪掉枝条的顶端。

② 在 1 个地方留 2~3 个分枝，其余的剪掉

枇杷在同一地方很容易发生几个分枝（轮状枝）。若分枝多，各个分枝会因变细而不易坐果。

每个地方的分枝留下 2~3 个，其余的剪掉。如果疏芽彻底，这个作业就不需要了。

③ 叶少的老枝要剪掉

枝条在连续几年生长被利用后，基部附近的叶会脱落，渐渐地就不容易坐果了。

叶少的老枝，从基部剪掉，以更换成新枝。

修剪前后

修剪前

修剪后

常绿果树的枇杷，不能像落叶果树那样在修剪后枝条变得稀疏，只修剪掉全体枝叶的10%~30%，使叶不互相重叠接触即可。

病虫害防治措施

病虫害名称	发生时期	症状	防治方法
癌肿病	5~10月	在枝上形成黑褐色的瘤状的病斑，在果实上产生黑色木栓状的斑点	易从伤口感染，故修剪后的伤口要涂上愈合促进剂，同时也要注意其他病虫为害造成的伤口
白纹羽病	6~10月	导致异常落叶，整株树枯死。在地表附近的根和树干上可看到白色菌丝	如果树开始衰弱，可挖出树根确认根上是否有白色菌丝，若有用杀菌剂进行消毒
蚜虫类	5~9月	梨绿大蚜，沿叶的主叶脉成堆吸取汁液	观察叶、枝的尖端，一旦发现，进行捕杀或喷洒杀虫剂

盆栽

因为果实越冬时温度在 –3℃以下就会落果，所以在寒冷地区用盆栽，到冬天时搬到室内。

资料

■用土

用果树或花木用土最适合。如果没有，可将蔬菜用土和沼泽土（小粒）按 7:3 的比例混合使用。另外在盆底铺上 3cm 左右厚的碎石。

■栽植（盆的大小：8~15 号）

参见 P10。比起棒苗来还是推荐大苗。

■放置场所

春天到秋天，尽量放在直射日照长并且是屋檐下雨淋不到的地方。冬天要放在温度在 –3℃以上的地方。

■浇水

盆土的表面如果干了，要浇充足的水。

■施肥

如果用 8 号盆（直径 24cm），在 9 月施油渣 30g，在 3 月施复合肥 10g，6 月施复合肥 8g。

■管理作业

参见 P131~135。

冬天的温度管理比较容易，树要培育成紧凑型。

费约果

资料

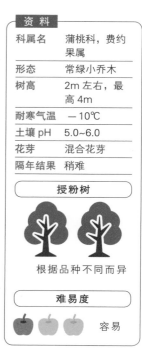

科属名	蒲桃科，费约果属
形态	常绿小乔木
树高	2m 左右，最高 4m
耐寒气温	－10℃
土壤 pH	5.0~6.0
花芽	混合花芽
隔年结果	稍难

授粉树

根据品种不同而异

难易度

容易

施肥（庭院种植）

树冠直径不到 1m 的树，在 3 月施油渣 150g，在 6 月施复合肥 45g，10 月施复合肥 30g。

栽培日历

	1月	2月	3月	4月	5月	6月	7月	8月	9月	10月	11月	12月
栽植		■	■									
枝的管理		■	■	修剪								
花的管理					■	■ 开花、人工授粉						
果实的管理								疏果 ■	■			
采收										■	■	
施肥			■			■				■		

异国风情浓厚的果树

原产于南美的巴西和乌拉圭附近的费约果树，作为热带果树在日本也有栽培。一方面，该树耐寒性强，可耐将近－10℃的低温，在培育柑橘类的地区可正常生长发育，所以作为常绿果树栽培。

花是粉红色、花瓣肉多、甜，也被作为食用的花而利用。

食用的是绿色、硬的果实，所以以此作为品种收获时期的目标。果实纵向切开，吃的是果冻状的果肉，味道独特，有菠萝、香蕉、苹果几种水果掺和在一起的味道。

因为较抗病虫害，作为庭院树木也很受欢迎，但是不结果的情况也常发生。所以栽植不同的品种作为授粉树，通过人工授粉，即使是在家里也能愉快地收获果实。如果想简单栽培，就选择不需要授粉树的品种。

■品种

品种名称	授粉树	采收期		单果重/g	特征
		10月	11月		
阶迷你	不需要			80	即使是1棵树也能结果，但是为了能采摘到大果，栽另外品种的授粉树为好
阿波罗	不需要			120	大果类型，不需要授粉树的品种，很受欢迎。因口感良好，所以推荐
长毛象	需要			100	香甜、多汁。果肉柔软，易损伤。需注意较易长成大树
马利亚	需要			80	果肉香味浓的中熟品种。果皮绿色、薄
干阿福	需要			110	鸡蛋形，果皮表面光滑的大果品种。虽然晚熟，但在下霜前能采收
柯立芝	不需要			90	不用授粉树就能很好地结果。果汁多，果肉柔软，酸味稍强

■栽植和整形修剪
（变则主干形树形）

第1年（栽植）

时期

2月中旬~3月

要点

根在较浅处扩展，栽后不久因为有倒树的可能，所以要加支柱牢牢地固定住，并剪截长枝。需要授粉树的品种，选不同品种的授粉树，在附近栽植。

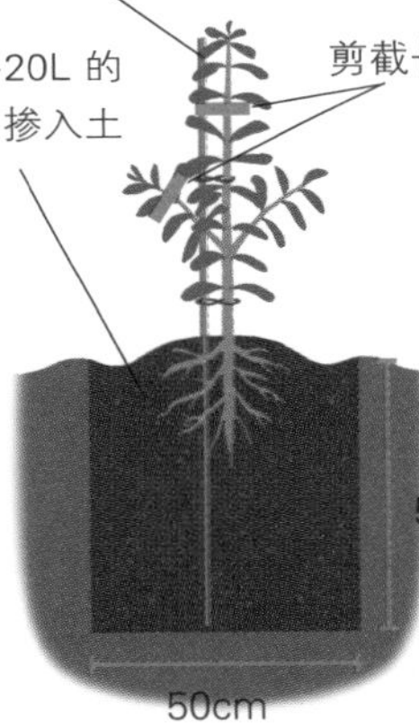

为了控制树高，待长到一定高度时，把树的顶端多剪一些，修剪成变则主干形（见P11）。

第2~3年

若在同一地方长出很多分枝，则要疏掉，并剪截长枝。

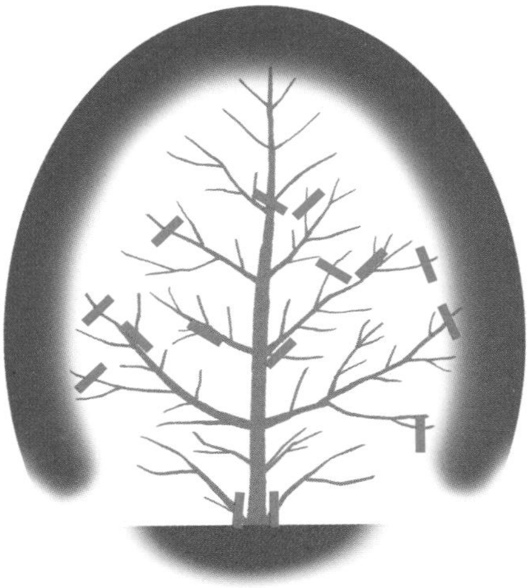

第4年以后

若树长大了，从地表附近长出的分枝要剪去。树的顶端要多剪一些，以降低树高。

1 人工授粉

5 月中旬 ~6 月中旬

摘花，用雄蕊的花粉在雌蕊上涂抹。

需要授粉树的品种，在附近栽植授粉树，用不同品种的花涂抹。其花瓣甜，有很多肉质，能吃。

■作业与生育周期

要点

- 需要授粉树的品种，在附近栽植不同品种的树。
- 如果进行人工授粉，结果会更好。
- 采收后稍微放置一下以催熟。

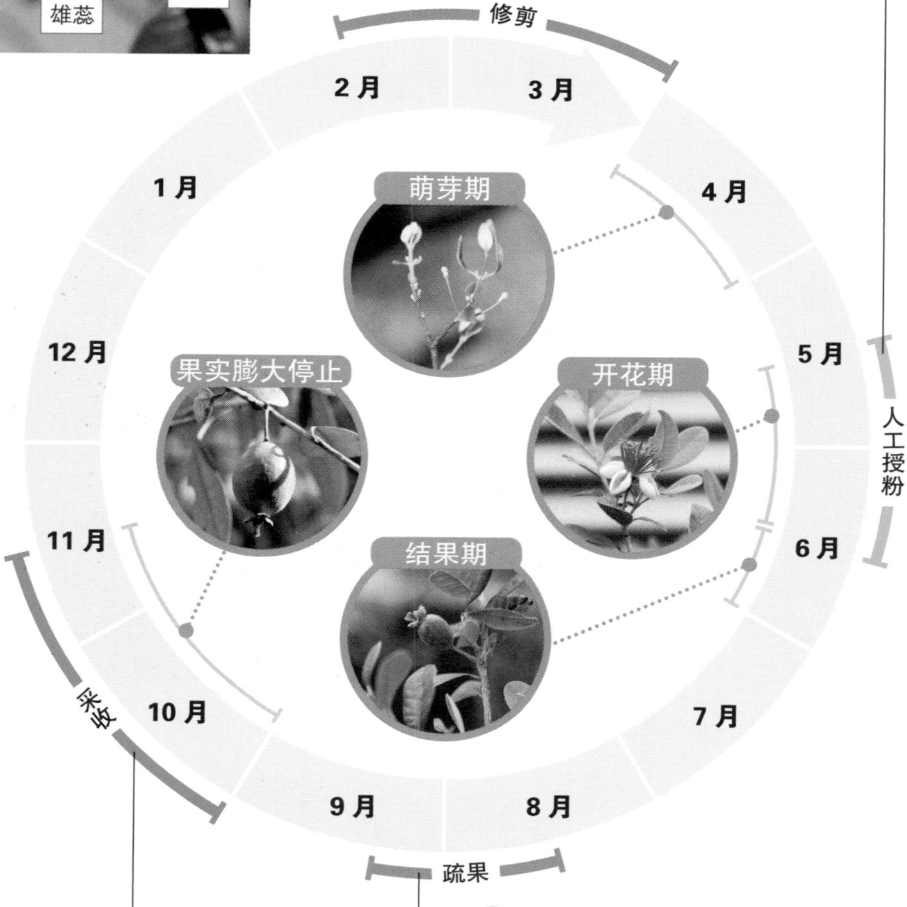

3 采收

10 月 ~11 月中旬

因为凭果色和硬度难以判断采收适期，可把 P137“品种的采收期”作为参考来采收。采收后在常温下放置 10 天左右以催熟。

2 疏果

8 月中旬 ~9 月上旬

自然落果结束时，每个枝上留 2 个果左右，其余的果疏掉（小的果和外形不好的果都要疏掉）。

4 修剪

2 月中旬 ~3 月

枝的生长方式与果实的着生位置

3 月下旬

混合花芽（见 P22）

花芽着生在枝的顶端附近。花芽和叶芽不好区分。

右图为萌芽前的状态。2 片叶从同一地方长出，呈对生状态，在叶柄的基部有 1 个芽着生。通常，在健壮短枝的顶端着生 1~6 个（3 节）混合花芽。因为花芽和叶芽难以区分，所以要注意修剪时不要剪掉健壮短枝的顶端。如果在 A 处剪切，所有的花芽都剪掉了，生长枝上就不结果实了。

右图中，尖端的 2 片叶中，在右侧基部着生的芽是花芽，但这时不能与叶芽区分开。上图为叶芽生长时的状态。

6 月上旬

从顶端的 2 个芽上长出枝且右边的枝上开花。像这样从花芽上长出枝叶，会在叶的基部开花。

9 月下旬

右图为果实膨大时的状态。在修剪时如果在 A 处剪截就不能形成果实了。

■修剪的顺序

① 疏掉树干基部的枝

因为从树干基部发出的枝难以结果，所以把发出的枝从基部剪掉。

② 把部分分枝剪掉

如果从 1 个地方长出多个枝，则从分枝的基部剪掉。

③ 短截只在顶端有叶的枝

把只在枝的顶端着生着叶的枝剪掉，使之发生新枝。

为了控制树高，应把树的顶端多剪截一些，培育成变则主干形（见 P11）。

① 疏掉树干基部的枝

从树干基部附近容易发出分枝，并且易长成直立枝，因为割草等都碍事，所以从基部剪掉。

③ 短截只在顶端有叶的枝

基部附近没有叶的枝，剪掉 1/2 左右使其发生新枝。30cm 以上的长枝也同样短截 1/2 左右。

② 把部分分枝剪掉

若从 1 个地方长出多个分枝，每个枝都会长得很细、很弱。所以 1 个地方留下 3 个枝左右，把其余的枝从基部疏掉。

■修剪前后

通过修剪，剪掉 10%~30% 的枝叶，使叶不互相接触。

■病虫害防治措施

病虫害名称	发生日期	症状	防治方法
介壳虫类	5 ~ 11月	印度楝蜡蚧等寄生于枝上吸取汁液，有时诱发煤烟病	一旦发现，用牙刷等刷掉
卷叶虫类	5 ~ 10月	幼虫吐丝把嫩叶黏结卷起来，把卷起的叶打开，可发现里面有幼虫和蛹	一旦发现，进行捕杀

盆栽

和庭院栽培不同，从树干基部附近长出的枝当中，把横向生长的枝适度地留下几个使之结果，能有效地利用空间。

资料

■用土

用果树或花木用土最适合。如果没有，可将蔬菜用土和沼泽土（小粒）按 7:3 的比例混合使用。另外在盆底铺上 3cm 左右厚的碎石。

■栽植（盆的大小：8~15 号）

参见 P10。比起棒苗来还是推荐大苗。

■放置场所

放在从春天到秋天直射日光长且是屋檐下不能被雨淋着的地方。在常绿果树当中耐寒性强，在温度不低于 —10℃的地区即使是不搬到室内也能越冬。

■浇水

盆土的表面如果干了，要浇充足的水。

■施肥

如果用 8 号盆（直径 24cm），3 月施油渣 30g，6 月施复合肥 10g，10 月施复合肥 8g。

■管理作业

参见 P138~141。

盆栽时，从树干基部附近长出的枝也可利用。

葡萄

资料

科属名	葡萄科，葡萄属
形态	落叶藤蔓形
树高	2~3m（棚架高度）
耐寒气温	－20℃
土壤 pH	6.0~7.0
花芽	混合花芽
隔年结果	难

授粉树

不需要

难易度

难

■施肥（庭院种植）

树冠直径不到 1m 的树，在 2 月施油渣 130g，6 月施复合肥 40g，9 月施复合肥 30g。

■栽培日历

	1月	2月	3月	4月	5月	6月	7月	8月	9月	10月	11月	12月
栽植	栽植	栽植	栽植（严寒期除外）								栽植	栽植
枝的管理	修剪	修剪		摘心	摘心；引缚、抹新梢	引缚、抹新梢	引缚、抹新梢	引缚、抹新梢	除去第二层枝			修剪
花的管理					整理花穗；开花	开花						
果实的管理						疏粒、疏果；套袋						
采收								采收	采收	采收		
施肥		施肥				施肥			施肥			

享受从初学者到有经验者的快乐

从公元前就开始有葡萄栽培。据说，品种数量超过 1 万种，大体分为大粒连皮吃的欧洲种、抗病虫害且有独特香味的美国种，还有两者交配的欧美杂交种，都有各自的特点，但编者推荐栽培耐病虫害的品种。

枝具有藤蔓性，能旺盛地伸长生长。做葡萄酒的品种以培育成像篱笆墙状为好，但是能整理枝条培育成 2~4 层的橱架式更好。

要想采摘到类似在水果店出售的漂亮葡萄串，要经过整穗、疏粒等很多作业，而且病虫害防治难度很高。但是从另一角度来看，也能获得长时间的享受。另外，如果不考虑果穗的形状，只要注意防治好黑痘病和霜霉病即可，即使是初学者也能很快乐地得到收获。

■品种

品种名称	品系	耐病性	采收期 8月	采收期 9月	果色	果粒大小	特征
特拉华	欧美杂交	强	■■■■□□	□□□□□□	红	小	虽然是小粒，但是甜味很强的基本品种，耐病性强，因为枝不会生长太长所以容易培育
撒尼红	欧美杂交	中	□□■■■■	□□□□□□	红	中	近年来受欢迎的早熟品种，比“特拉华”果粒大，有独特的香味
麝香葡萄	欧美杂交	中	□□□□■■	■■□□□□	黄绿	大	具有麝香葡萄的香味，连皮也能吃，受欢迎的品种，但不精心管理就培育不出漂亮的果穗
巨峰	欧美杂交	中	□□□□■■	■■□□□□	黑	大	老品种，很容易弄到苗木。因为结实不好，需要用赤霉素处理一下（见 P147）
比奥嫩	欧美杂交	中	□□□□■■	■■□□□□	黑	大	和“巨峰”相似，但是如果培育好能比巨峰果粒更大。用赤霉素处理（见 P147）结果会更好
坎贝儿阿里	美国种	强	□□□□■■	■■□□□□	黑	中	耐病性强，因为结果好，初学者好管理。果实有酸味所以适合做果汁
罗萨里奥比安考	欧洲种	弱	□□□□□□	■■■■□□	黄绿	大	连皮也能吃的高级品种，因为不耐病虫为害，所以最好用盆栽，放在雨淋不着的地方

■栽植和整形修剪

（一字形修剪法）

第 1 年（栽植）

时期

11 月 ~ 第 2 年 3 月（严寒期除外）

要点

可以直接用市售的架子，将葡萄修剪成一字形或把枝全向一边分的单头形树形（见 P83）。如果是修剪成一字形，应把苗木栽到架的中央附近，把生长的枝引到架的上面。

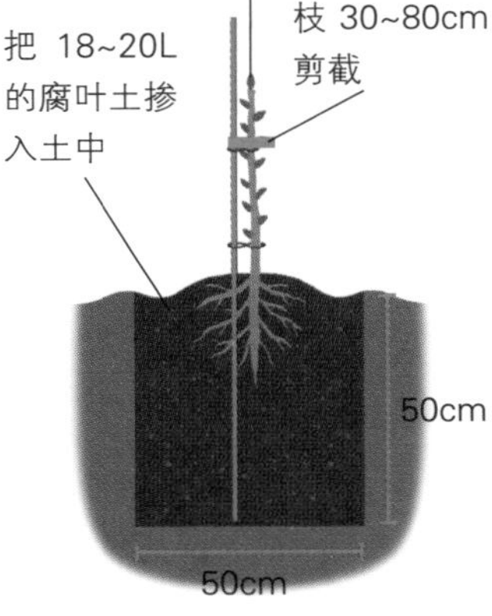

培育成大的一字形架式（见 P11）栽培的葡萄。

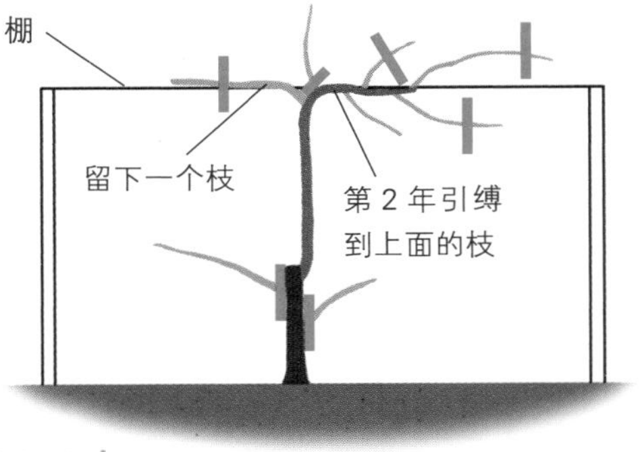

第 2~3 年

第 2 年，留下一个健壮的枝，引缚到架的上面。第 3 年时留下一个枝，方向与第 2 年引缚的枝正反向，如此修剪成一字形。

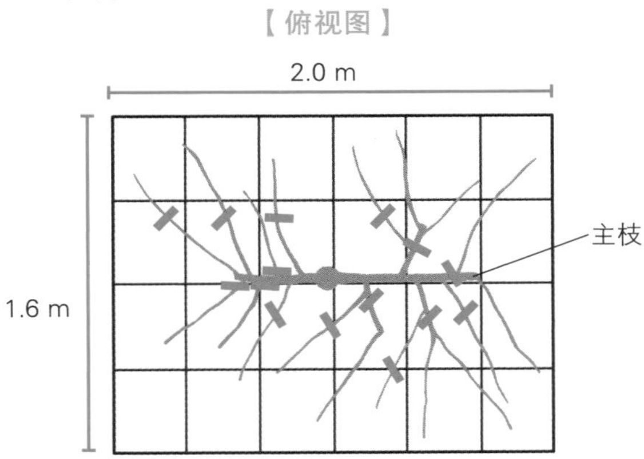

第 4 年以后

将骨干枝（主枝）修剪培育成一字形。如果棚架大小是 2 块榻榻米（$3.3m^2$）左右，留下 8 个左右的枝（每平方米 2 个左右）。尽量及时更换新枝。

■作业与生育周期

要点

- ●如果选择抗病虫害强的品种，栽培后病虫害防治难度就会降低。
- ●枝一旦生长了，就往架子上引导固定。
- ●对结果不好的品种用赤霉素处理一下（见 P147）。
- ●修剪时，把基部附近的枝更换成新枝。

1 引缚、除蔓（见 P146）

为了使其均等地受到阳光照射，枝一旦生长，就固定到架上并除去卷须。

2 整理果穗（见 P146）

为了得到漂亮的果穗，要整理果穗的形状。

3 摘心（见 P147）

控制枝不必要的生长。

4 除去二级枝（见 P147）

叶子过多会影响采光，所以把从叶的基部生长出来的枝芽除掉。

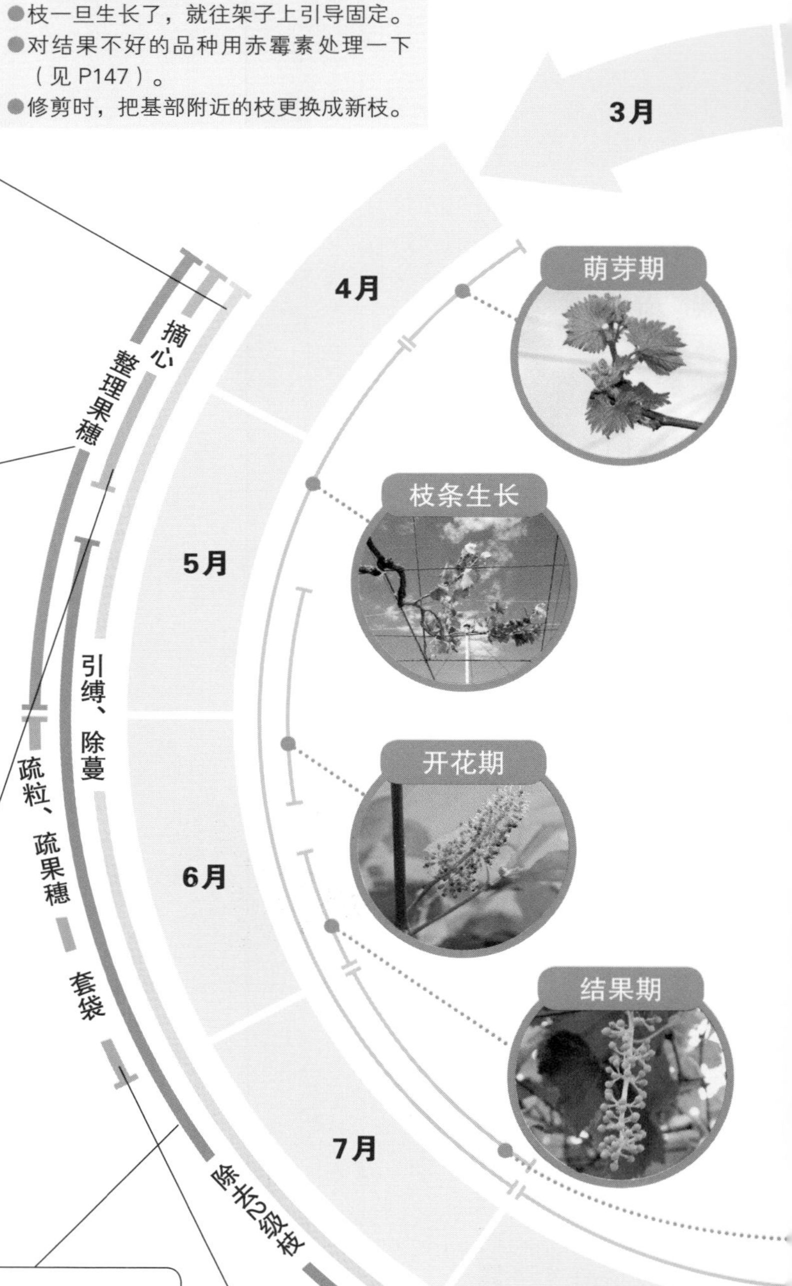

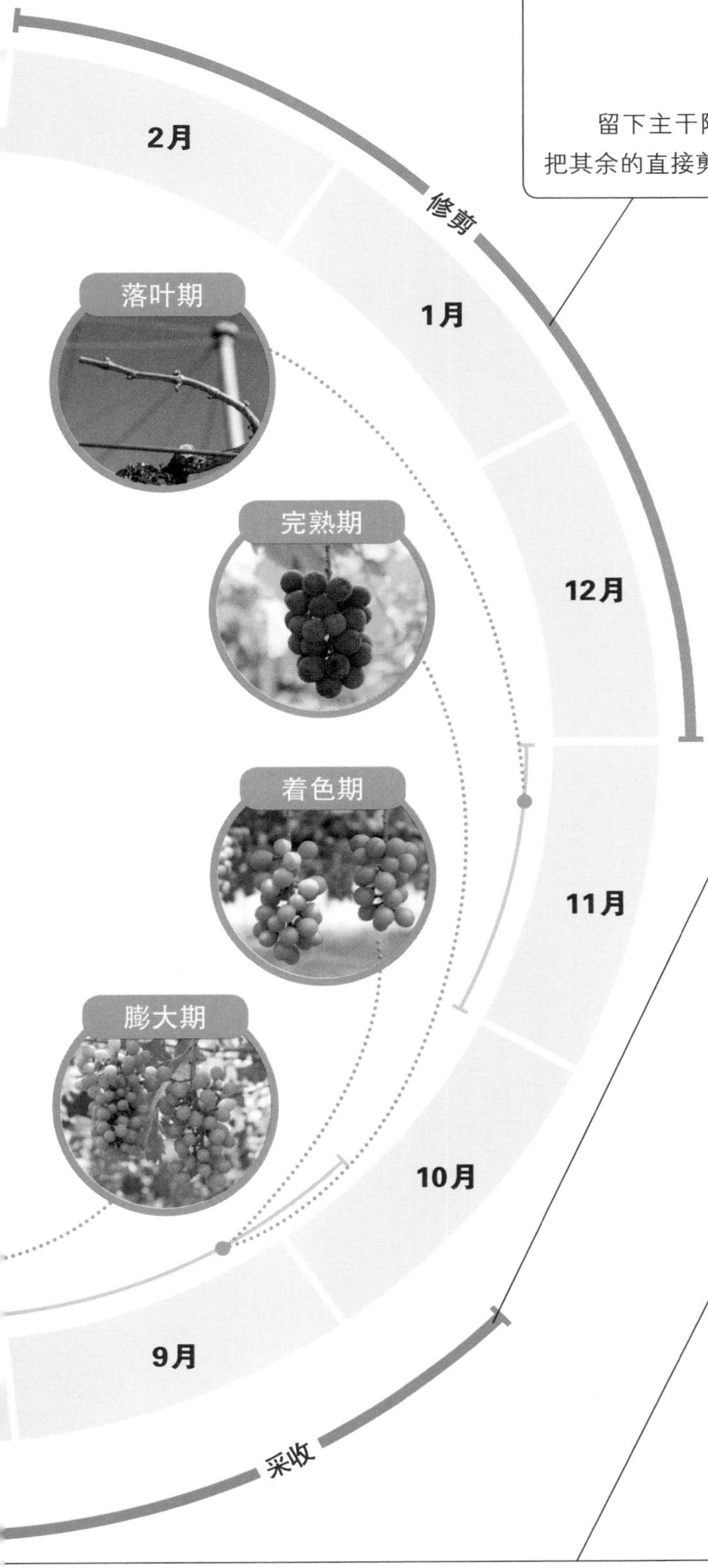

8 修剪 （见 P149）

留下主干附近的枝，把其余的直接剪掉。

7 采收 （见 P148）

采收着色的果穗。

6 套袋 （见 P148）

套上果袋，以防止病虫等为害。

5 疏粒、疏果穗

（见 P148）

果粒密生，需疏粒使之不互相挤压。

管理作业

1 引缚、除蔓

4 月下旬 ~8 月

❶ 枝从春天到夏天可长到 2m 左右，为了使之均等地受到光照，通过光合作用均衡地配置，有必要把枝固定在架子上。

最初枝长到 30cm 之后就开始引缚。在操作时要注意，如果用力向下拉枝，会使其从基部折断。

❷ 用手把枝绑到架子上，这时要考虑和周围枝的平衡，尽量不要使枝条相互交叉。对于枝今后生长的方向也要计划好，一旦长出就用细绳固定到架子上。

❸ 葡萄新梢会长出许多线状卷须。如果留下卷须就会缠绕在架子上，难以管理，所以一旦发现就用剪子将其从基部剪掉。在枝生长时，也要随时进行引缚和除须。

2 整理果穗 提升作业

4 月下旬 ~ 5 月

❶ 为了能采摘到漂亮的果穗，所以从开花前就要整理果穗的形状。

首先把分叉的小果穗从基部剪掉。

❷ 在留下的果穗当中，把上面着生的小穗剪掉一半左右。最后把果穗的尖端剪掉，整理后留下花集中的小穗 13 个左右即可。

“特拉华葡萄”穗的整理

“特拉华葡萄”等果穗小的品种，把分叉的小果穗从基部剪掉即可。

3 摘心 提升作业

4 月下旬 ~5 月上旬

在开花期如果枝生长茂盛，养分就输送不到花内，结实就不好。要控制枝不必要的生长，采光也会变好。

每个枝大约到 20 节（叶 20 片，不算二级枝的叶）的长度时，就把以上的部分剪掉。

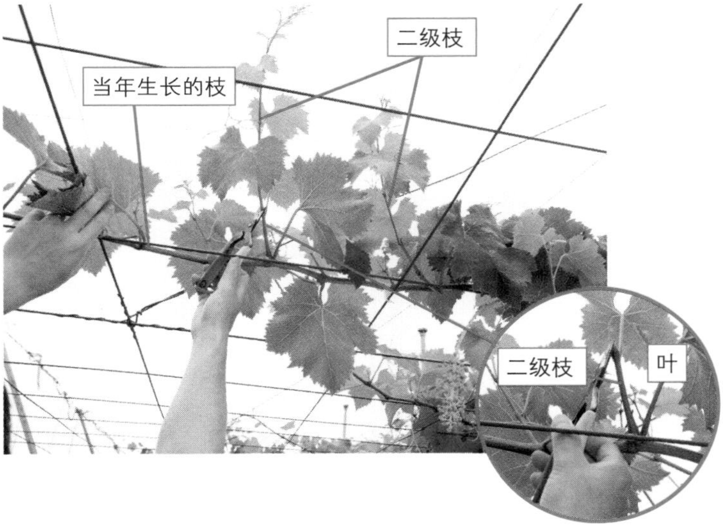

4 除掉二级枝

5 月中旬 ~8 月

从当年生长的枝、叶的基部又长出新的枝叫作二级枝。生长茂盛的枝上有很多的二级枝长出来，因为采光不好，对于这些二级枝也要摘心。

二级枝上留 1 片叶，把其余的剪掉。

赤霉素处理

大多数的葡萄品种在最初时都有种子，要想使之无籽，就需要从园艺店等购买市售的赤霉素，在开花期前后，将赤霉素溶于水中浸蘸花和果粒 2 次。对于“巨峰”等结实不好的品种。经处理后结实就好了。因为赤霉素的使用浓度和浸蘸的时期，根据品种不同而异，所以详细情况要参考使用说明书。

第 1 次

“巨峰”于盛花期到盛花期后 3 天，“特拉华葡萄”大约在盛花期前 14 天浸整穗。

第 2 次

“巨峰”于盛花期后 10~15 天，“特拉华葡萄”于盛花期后 10 天左右浸整穗。

5 疏粒、疏果穗

6 月

❶ 没有进行疏粒的“巨峰”。因为现在果粒还小，虽说不那么密集，但是今后果粒可能成倍地增大，如果太密会有挤破果粒的可能，所以有必要疏粒。“特拉华葡萄”等果粒较小的品种不需要疏粒。

❷ 想象一下采摘时果粒的大小和形状，再疏掉那些互相挤压的果粒。使用前端尖的剪刀，把小的果粒和受伤的果粒、着生在内侧的果粒优先除去。

❸ 如果第 1 穗疏粒顺利，再把没有疏粒的果穗疏掉（疏果穗）。每个枝上留 1 穗果。

“特拉华葡萄”等着生小果穗的品种也可留 2 穗果。

6 套袋

6 月

为了防止病虫和小鸟为害，套上市售的果袋是非常有效的。

疏粒结束后就套上袋。用附属的铁丝紧紧地系好，不要让雨水和害虫进入袋内。

7 采收

8~10 月上旬

把整穗都着色的果穗采摘下来。对于套着果袋的要从外面确认一下着色情况。对于果皮是红色和黑色的品种，在气温高的地区栽培时，无论到什么时候着色也不好，所以可以通过品尝来确认是否采收。

8 修剪

12 月～第 2 年 2 月

2 月下旬

混合花芽（见 P22）

花芽散布在整个枝上，与叶芽难以区分。

开始时弄不清从哪个芽上长出的枝能结出果实，但是花芽散布在整个枝上，所以可剪掉部分枝梢。右图是修剪后的样子。枝上有 15 个芽，但是只留下 6 个芽，把其余的剪掉。

■枝的生长方式与果实的着生位置

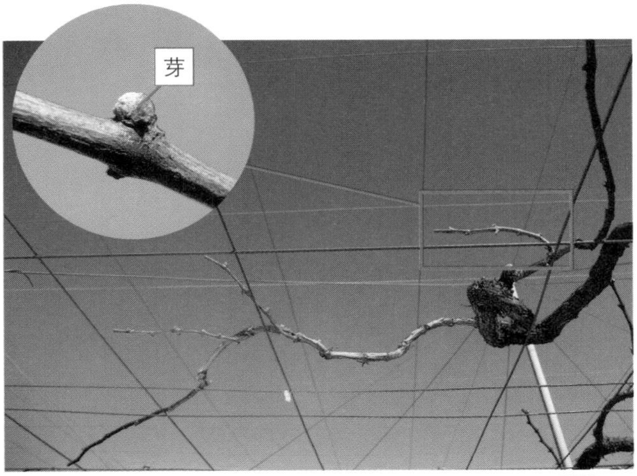

4 月中旬

上图为萌芽时的状态。因为短截了，基部附近的枝也开始萌芽了。

5 月上旬

在生长的枝上能确认是否有花蕾着生。在 2 月把枝剪掉一半以内也能像上图一样有这么多的花蕾着生。

7 月上旬

在修剪后的 2 月下旬，枝几乎没有，看上去空隙很多，但今后枝还继续生长会更加密集，充满葡萄架。像右图一样，修剪葡萄时把枝数彻底地减少是很有必要的。

■修剪的顺序

① 把骨干枝的顶端剪掉
将顶端健壮的枝拉直留下 5~9 个芽，把其余的剪掉。

② 疏枝并把留下的枝剪截
每平方米留下 2 个枝左右，把其余的疏掉。

③ 把枝引缚到架子上
修剪后用细绳把枝固定到架子上。把上一年固定枝的绳全部换成新绳。

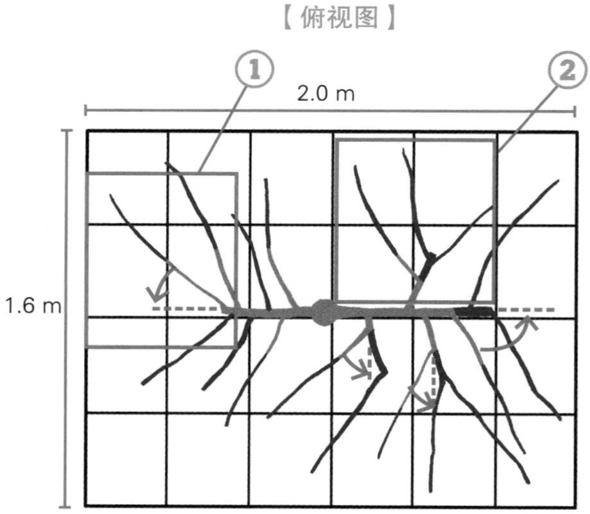

一字形培育法的修剪顺序。把枝拉得笔直然后剪截。向一个方向生长的培育方法参见 P90。

① 把骨干枝的顶端剪掉

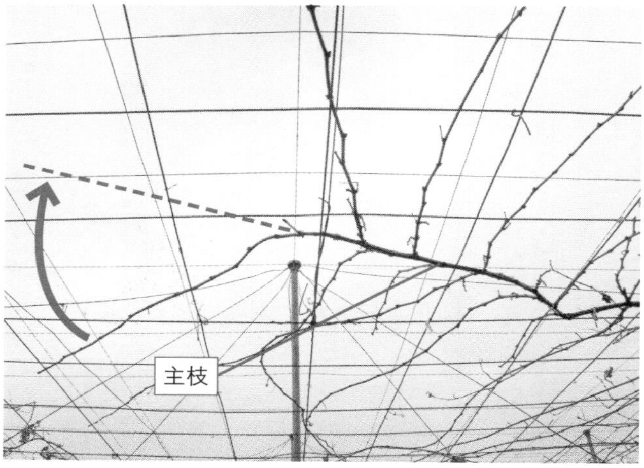

❶ 骨干枝（主枝）中，选 1 个顶端健壮的枝，尽可能地拉直、定好方向。

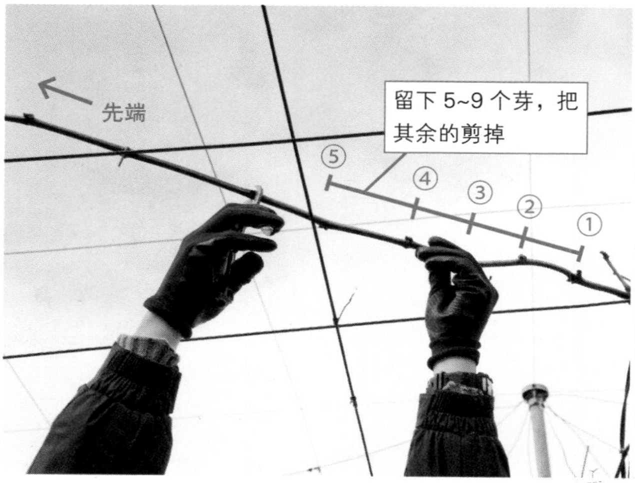

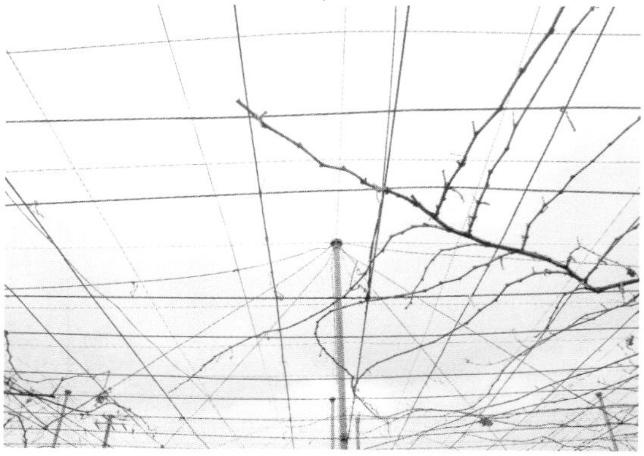

❷ 顶端留下 5~9 个芽，把其余的剪掉。越细的枝留得越短，越粗的枝留得越长。把剪截后的枝经过引缚拉得笔直（左图是引缚以后的状态）。

② 疏枝并把留下的枝剪截

❶ 通过疏枝留下枝的大体目标是，每平方米留 2 个左右的枝，3.3m² 的架子，留下 6~8 个枝。虽然很稀疏，但是第 2 年春天又会从各个枝上长出 3 个以上的枝，所以没有问题。相反如果留下太多枝，到夏天时长出的新枝会过密，所以要注意。在疏枝时，尽可能地使基部更换成新枝。

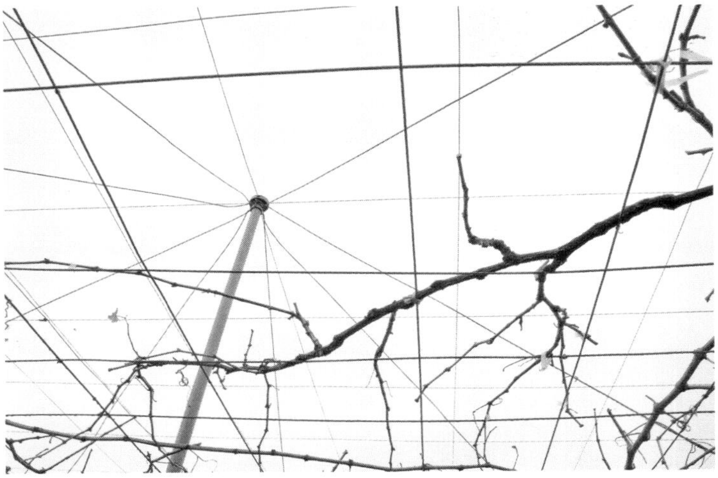

❷ 在留下枝的基部保留 5~9 个芽，然后把上部的梢剪掉。要更换基部的新枝，使枝变得又年轻又健壮，所以细枝要留得短，粗枝要留得长。将剪截后的枝引缚到架子上。

剪枝的位置

葡萄的枝如果在芽和芽之间剪截，从剪口处枝条会慢慢地干枯，甚至导致顶端的芽也干枯。如果从有芽的位置剪截，虽然剪下的芽不能使用，但是干枯不易向内发展。

③ 把枝引缚到架子上

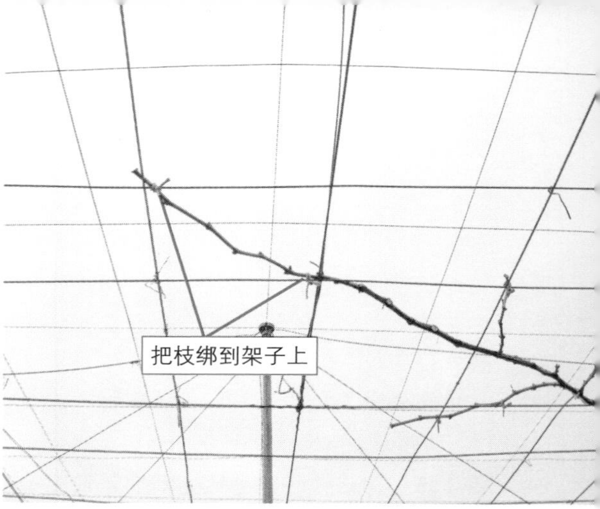

①②步结束后，用细绳把枝绑到架子上。对于骨干枝（主枝、亚主枝）也要牢牢地固定。另外如果用同一根细绳长时间固定，枝长粗了细绳会勒入枝内，使枝变弱，所以把上一年修剪时和夏天固定时用的细绳在修剪时剪断，全部更换成新绳。

枝要下决心疏减

幼树修剪后的枝

下周为栽植后第 2~3 年幼树的状态。半年后枝就扩展很多。

成年树修剪后的枝

从主枝、亚主枝上长出来的枝留下几个后，把其余的枝剪掉。冬天时虽然看上去稀疏，但到了夏天枝叶繁茂，从下面向上看会看不到天空。

■病虫害防治措施

病虫害名称	发生时期	症状	防治方法
霜霉病	5~7月	在叶的背面和花上产生白色的霉，不久变褐色	改善光照和通风，使湿度不要太高。注意氮肥不要施得太多
黑痘病	5~9月	在梅雨季节前后发生，在枝、叶、果粒上发生黑褐色的斑点，使产量骤减	在发生初期就把发病部位除去，使病菌孢子不要向周围扩散
炭疽病	7~9月	发生在成熟的果粒上，橙色的孢子堆发生在整个果穗上，使果粒萎蔫	改善光照和通风，在发生初期时把发病部位除去
茶黄蓟马	5~8月	受害果粒的表面成为锈状斑（痂皮状）	因为通风不好时易发生，要彻底地修剪、摘心，除去二级枝

霜霉病

黑痘病

炭疽病

茶黄蓟马

盆栽

对于不抗病的欧洲系品种来说，比起庭院栽培还是盆栽更为合适。因为枝具有藤蔓性，作为固定枝的支柱，以结实牢固的方尖塔最为合适。

资料

■用土

用果树或花木用土最合适。如果没有，可将蔬菜用土和沼泽土（小粒）按7:3的比例混合使用。另外在盆底铺上3cm左右厚的碎石。

■栽植（盆的大小：8~15号）

参见P10。比起棒苗来还是推荐大苗。

■放置场所

从春天到秋天，放在日照长的地方。因为不耐病害，所以要放在屋檐下雨淋不到的地方。

■浇水

盆土的表面如果干了，要浇足水。

■施肥

如果用8号盆（直径24cm），2月施油渣20g，6月施复合肥10 g，9月施复合肥8g。

■管理作业

参见P146~153。

把枝缠绕固定在方尖塔上。

黑莓、木莓

资料

科属名	蔷薇科，木莓属
形态	落叶灌木
树高	1.5m 左右（根据树姿而不同），最高 3m
耐寒气温	黑莓 −20℃
	木莓 −35℃
土壤 pH	5.5~7.0
花芽	混合花芽
隔年结果	难

授粉树

不需要

难易度

容易

施肥（庭院种植）

树冠直径不到 1m 的树，在 3 月施油渣 130g，5 月和 9 月分别施复合肥 30g。

栽培日历

	1月	2月	3月	4月	5月	6月	7月	8月	9月	10月	11月	12月
栽植	■	■	■	（严寒期除外）							■	■
枝的管理	■	■	修剪		■	除蘖、摘心					修剪	■
花的管理					■	开花、人工授粉			■	开花、人工授粉（二次结果的品种）		
果实的管理												
采收						■	■	■	■	■	（二次结果的品种）	
施肥			■		■				■			

耐病虫为害和寒冷，不需要授粉树

黑莓和木莓属于欧洲和北美原产的木莓类。在日本还没有栽培种，但有自生的其他木莓类的同类果树，从北海道到冲绳都有分布。同类的果树可能是由于土生土长的原因，已适应日本的气候与土壤，耐热、耐寒性强，病虫害也很少是很大的优点。

即使是 1 株也能结果很好，因为不怎么费工夫管理，对初学者来说是值得推荐的果树。

在品种方面，木莓二次结果的品种（春天和秋天都结果的类型）很受欢迎，黑莓枝上无刺的品种被多数人接受。由于品种不同枝的生长方式也不同，有直立型、开张型、下垂型和匍匐型品种，把枝引缚在围柱等支柱上进行培育即可。

■品种

品种名称		树姿	刺	采收期（6月 7月 8月 9月 10月）	特征
黑莓	宝仙莓	匍匐型	根据系统不同而异	一季结果	是露莓的同类。因为是匍匐型，所以固定在围柱上培育即可，果实为紫红色
	默顿松来斯	下垂型	无	一季结果	果实大、酸味稍强的品种。因为无刺所以受欢迎。花呈粉红色，果实为黑色
	松自由	匍匐型	无	一季结果	结果好、产量高的品种。和默顿松来斯一样，苗木的流通量很大，果实为黑色
木莓	秋老虎	开张型	有	二季结果	6月和9月能采摘，是代表性的二次结实品种，口感好，果实为红色
	夏庆典	开张型	有	二季结果	和“秋老虎”并列都是很受欢迎的二次结实品种。结果好，果实为红色
	法鲁黄金	直立型	有	一季结果	虽然是枝向上生长的类型，但是枝的生长性很弱，属紧凑型品种。果实为黄色

注：开张型是指枝横向生长的类型，直立型是指枝向上生长的类型，下垂型是指枝的顶端向下垂的类型，匍匐型是指枝在地面上爬行的类型。

■栽植和整形修剪（从生形树形）

第 1 年（栽植）

时期

11 月 ~ 第 2 年 3 月（严寒期除外）

要点

把有几个分叉枝的苗木栽上，到下一个季节就能采摘。下垂型和匍匐型的品种把枝固定在围柱上即可。

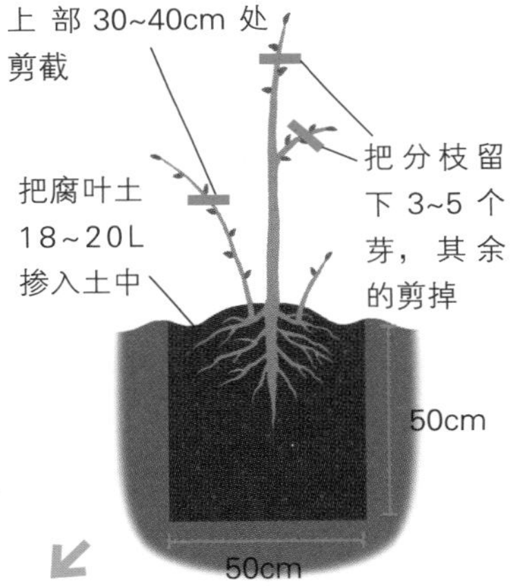

上图是默顿松来斯。因为是下垂型的品种，所以把枝固定在围栏上。

第 2 年

多数结了果实的枝，会一直干枯到基部附近，所以要剪掉。取代它们的方法是把没有结果的枝和夏天从树干基部发出新枝的顶端剪掉，利用这些枝再培育结果。

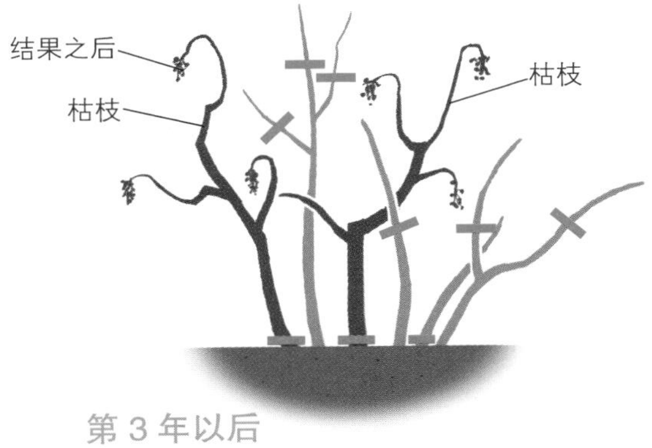

第 3 年以后

同第 2 年一样，把没有结果的枝和夏天从基部长出新枝的顶端剪掉，利用这些枝作为结果枝。

■作业与生育周期

要点

- 有二次结果的品种。
- 下垂型、匍匐型的品种，用细绳固定在围栏等支柱上。
- 多数结果实的枝到冬天时就枯死。
- 修剪时利用分枝。

1 人工授粉

5月、8月下旬~9月中旬

只是在每年结果不好时进行。在相同品种花的雄蕊和雌蕊上用毛笔互相涂抹。

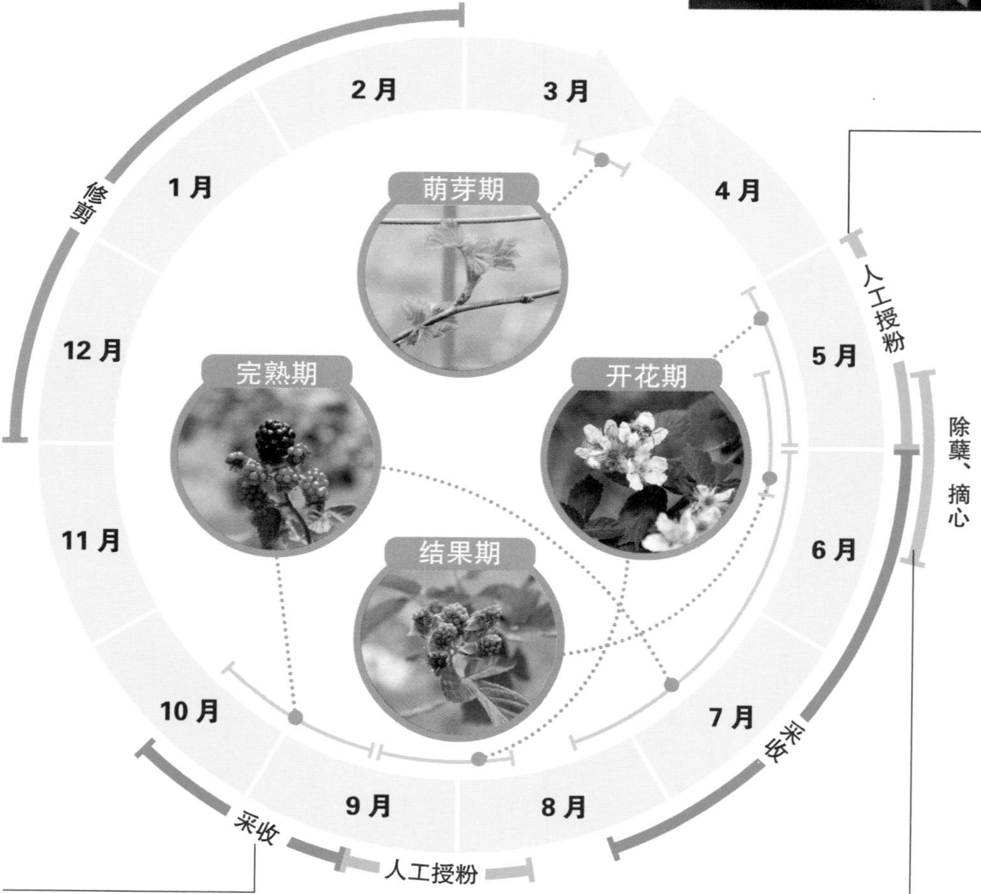

3 采收

6月~8月上旬、9月中旬~10月中旬

用手指轻轻地捏住果实向下拽就能采收。因为黑莓酸味强，所以可待颜色变黑完全成熟后再采收。

2 除蘖、摘心

5月下旬~6月中旬

对于没有结果的分枝，以叶不互相重叠接触为宜进行疏枝。把留下的分枝上部剪掉1/3左右，以促进分枝生长，第2年的产量会增加。

4 修剪

12 月 ~ 第 2 年 2 月

■枝的生长方式与果实的着生位置

2 月下旬

混合花芽（见 P22）

花芽散布在整条枝上，与叶芽难以区分。

虽然从哪个芽上长出的枝着生果实不好确定，但是因为花芽散布在整条枝上，可以把枝剪短一些。像右图中的枝长 70cm 左右，但是当时是从基部 30cm 左右（10 个芽）处剪截的。

4 月中旬

右图为萌芽时的状态。因为剪了枝，可看到很多的萌芽。

5 月上旬

几乎所有枝顶端附近的花还开着（右图），在 2 月即使是剪掉半数以下的枝也能有这么多的花。二次结果的品种，在没有开花的枝上和从基部长出的分枝顶端，在 9~10 月会再一次开花结果。

结了果实的枝枯死

大多数顶端结果枝由于养分用尽，冬天会干枯到基部。对于没有结果实的枝不会枯死，把该枝留下，到第 2 年又成为结果枝。

没有结果的枝到第 2 年生长结果。

结了果实的枝到冬天就枯死。

■修剪的顺序

① **从基部把枝疏掉**
把枯枝和过密枝从基部剪掉。

② **把留下的枝全部短截**
对没有分叉的枝，从基部向上留 30~40cm 高；有分叉的枝留下 3~5 个芽，把其余的剪掉。

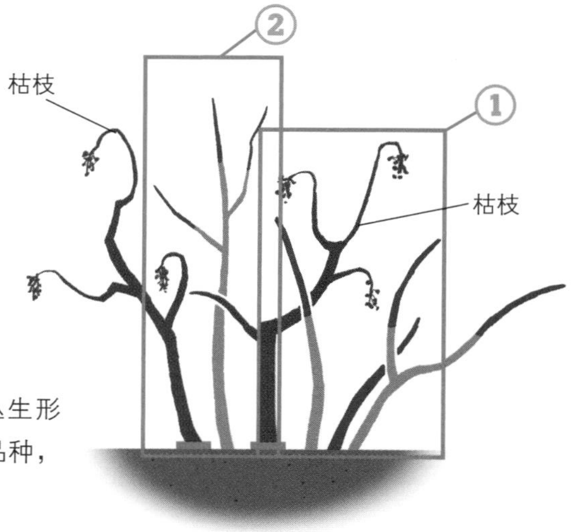

对于直立型和开张型的品种，按丛生形树形进行培育；对于下垂型和匍匐型的品种，应固定到围栏上进行培育。

① 从基部把枝疏掉

❶ 变成灰色或茶色的干燥枝已枯死，所以从基部剪掉。

❷ 没有结果的枝和夏天新长出的分枝，呈绿色和浓茶色健壮地生长着。根据地上部枝的密集程度，进行适当地疏枝。

② 把留下的枝全部短截

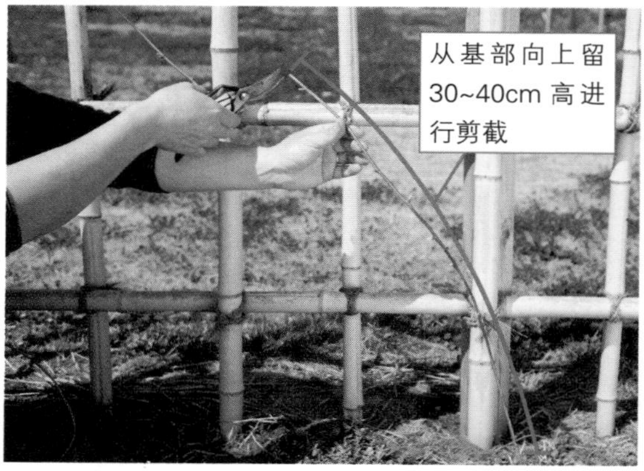

❶ 对没有分叉的枝，全部从基部 30~40cm 处剪截，以促进枝的生长。

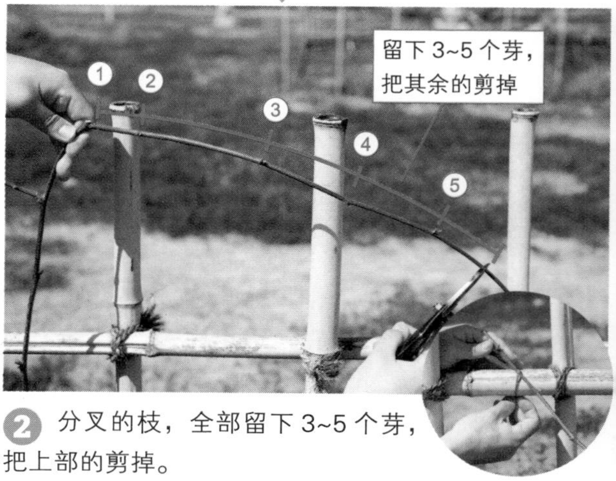

❷ 分叉的枝，全部留下 3~5 个芽，把上部的剪掉。

从芽和芽的中间剪截。下垂型和匍匐型的品种，把留下的枝用细绳固定在围栏等支柱上。

■修剪前后

根据密集程度适度留下分枝，把多余的枝剪掉。像上图这样把枝固定在支柱上培育即可。

※图中显示的是温暖地带培育的半落叶性的黑莓，即使是在修剪时期的2月也没有落叶。

■病虫害防治措施

病虫害名称	发生时期	症状	防治方法
灰霉病	5~7月	在果实上产生灰白色的霉，致使果实变为褐色后脱落	改善通风透光条件，湿度不能太高，一旦发现病果立即摘除
根癌肿病	4~9月	在植株基部产生圆形瘤，树体衰弱。在黑莓上能见到	难治疗，如果严重就刨掉树，连根部都要清理干净
叶螨类	6~9月	叶出现失绿、发白，如果发生量大，会影响光合作用，导致树势衰弱	选择晴天用水冲洗枝叶，洗掉螨虫。喷杀螨剂易使叶螨类产生抗药性
金龟甲类	6~12月	把叶咬成网状，幼虫啃食根，使整株变衰弱	一旦发现成虫，立即捕杀。用盆钵栽培的，在换盆时注意查找深处的幼虫

盆栽

如果采用盆栽，不论什么品种都可设置方尖塔，将枝引缚后就能培养得很美观。

资料

■用土

用果树或花木用土最合适。如果没有，可将蔬菜用土和沼泽土（小粒）按7:3的比例混合使用。另外在盆底铺上厚度3cm左右的碎石。

■栽植（盆的大小：8~15号）

参见P10。比起棒苗来还是推荐大苗。

■放置场所

放在从春天到秋天直射阳光长的地方为好。虽说是较耐病虫害，但还是要放在屋檐下等雨淋不到的地方。

■浇水

盆土的表面如果干了，要浇充足的水。

■施肥

如果用8号盆（直径24cm），3月施入油渣20g，5月和9月分别施复合肥8g。

■管理作业

参见P156~159。

如果用10号盆，从基部留下3个枝左右，把其余的疏掉。

蓝莓

资料

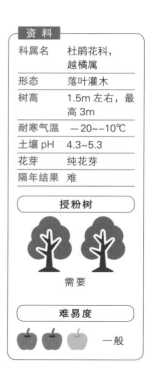

科属名	杜鹃花科，越橘属
形态	落叶灌木
树高	1.5m 左右，最高 3m
耐寒气温	−20~−10℃
土壤 pH	4.3~5.3
花芽	纯花芽
隔年结果	难

授粉树

需要

难易度

一般

施肥（庭院种植）

树冠直径不到 1m 的树，3 月施油渣 130g，5 月和 9 月分别施复合肥 30g。

栽培日历

	1月	2月	3月	4月	5月	6月	7月	8月	9月	10月	11月	12月
栽植	■	■	■	（严寒期除外）							■	■
枝的管理	■	■	修剪			■	摘心				修剪	■
花的管理				■	■ 开花、人工授粉							
果实的管理						■	■	■	套袋			
采收						■	■	■	■			
施肥			■		■				■			

和授粉树一同栽植到酸性土壤内

蓝莓可爱的青青果实压得枝头弯弯的，树是紧凑型，耐病虫为害，在家庭栽培的果树当中是最受欢迎的。

在日本有 100 个以上的品种栽培，但是大致分为高灌和兔眼两大类，高灌又进一步地分为野茶高灌和山茶高灌。

如果是庭院栽培，从日本北海道到中国长白山、大小兴安岭、辽东半岛及胶东半岛地区可栽植很耐冷的野茶高灌，日本关东地区到冲绳，以及我国长江流域以南栽植很耐热的山茶高灌和兔眼。因为蓝莓自花授粉结实不好，需要栽植不同品种的授粉树。特别是兔眼品种的蓝莓，其授粉树是必需的。

喜欢酸性土壤，如果用中性土或者是碱性土壤培育不能有效地吸收肥料，导致枝梢生长发育不良。如果是庭院栽培，在庭院土壤中一定要掺入泥炭土，注意夏天不可断水干涸，也不能涝。

■品种

类型		品种名称	采收期 6月	7月	8月	树高 /m	耐寒气温 /℃	最适土壤 pH	单果重 /g	特征
高灌	野茶高灌	迪有克				2	−20	4.3~4.8	2.6	早熟大果型品种。即使用自花授粉也很容易结果，所以栽 1 棵也能结果良好
高灌	野茶高灌	蓝嘴				2	−20	4.3~4.8	3.3	想收获大果蓝莓，这是推荐的品种，稍有清淡的甜味
高灌	山茶高灌	奥尼尔				1.5	−10	4.3~4.8	1.7	甜味强、果肉硬的品种
高灌	山茶高灌	桑下竹蓝				1.5	−10	4.3~4.8	1.5	花蕾红色、花粉红色的稀奇品种。果虽小，但产量很高
兔眼		亮植				3	−10	4.3~5.3	2.2	甜味强、果肉柔软的晚熟品种。结果虽好，但留果太多会导致第 2 年的产量大减
兔眼		贞妇蓝				3	−10	4.3~5.3	2.0	从很早以前就有栽培的品种，如果早摘酸味很强，所以要注意

■栽植和整形修剪（从生形树形）

第 1 年（栽植）

时期

11 月 ~ 第 2 年 3 月（严寒期除外）

要点

因为不栽在酸性（pH 为 4.5 左右）土壤中，蓝莓很容易枯死，所以必须要加入用于调整酸度的泥炭土。泥炭土如果干燥，就会不沾水而浮起，所以要预先将泥炭土放入水桶中，加水揉搓掺和使之浸透水后，再把泥炭土和腐叶土掺混。

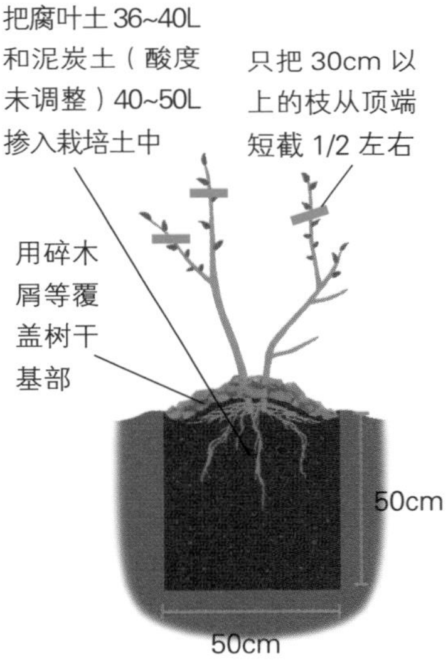

因为基部萌蘖易发新枝，所以培育成丛生形树形（见 P11），老枝条可用新枝替换。

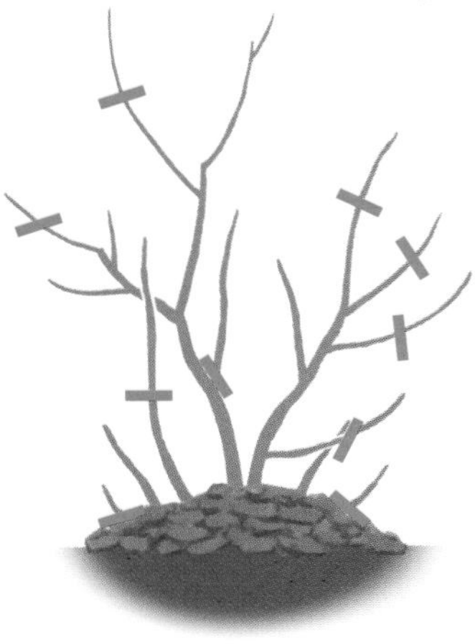

第 2~3 年

只把 30cm 以上的枝短截 1/2 左右，疏掉过密枝和分枝。

第 4 年及以后

把树修剪成倒扫帚形的丛生形树形。

■作业与生育周期

要点

- 如果不在酸性土壤中栽植，树势就弱，所以要在土壤中混入泥炭土。
- 如果两个以上的品种一起栽培，结果会更好。
- 只有在树上完熟的果实，才具有此果实本来的风味。
- 如果枝条老了，就更换成新枝。

1 人工授粉 （见 P164）

在每年结果不好时进行。

2 套袋 （见 P164）

给果实套袋，以防止被鸟啄食。

3 摘心 （见 P165）

控制不需要枝的生长，使之分叉。摘心后把又生长出来的枝进行再摘心。

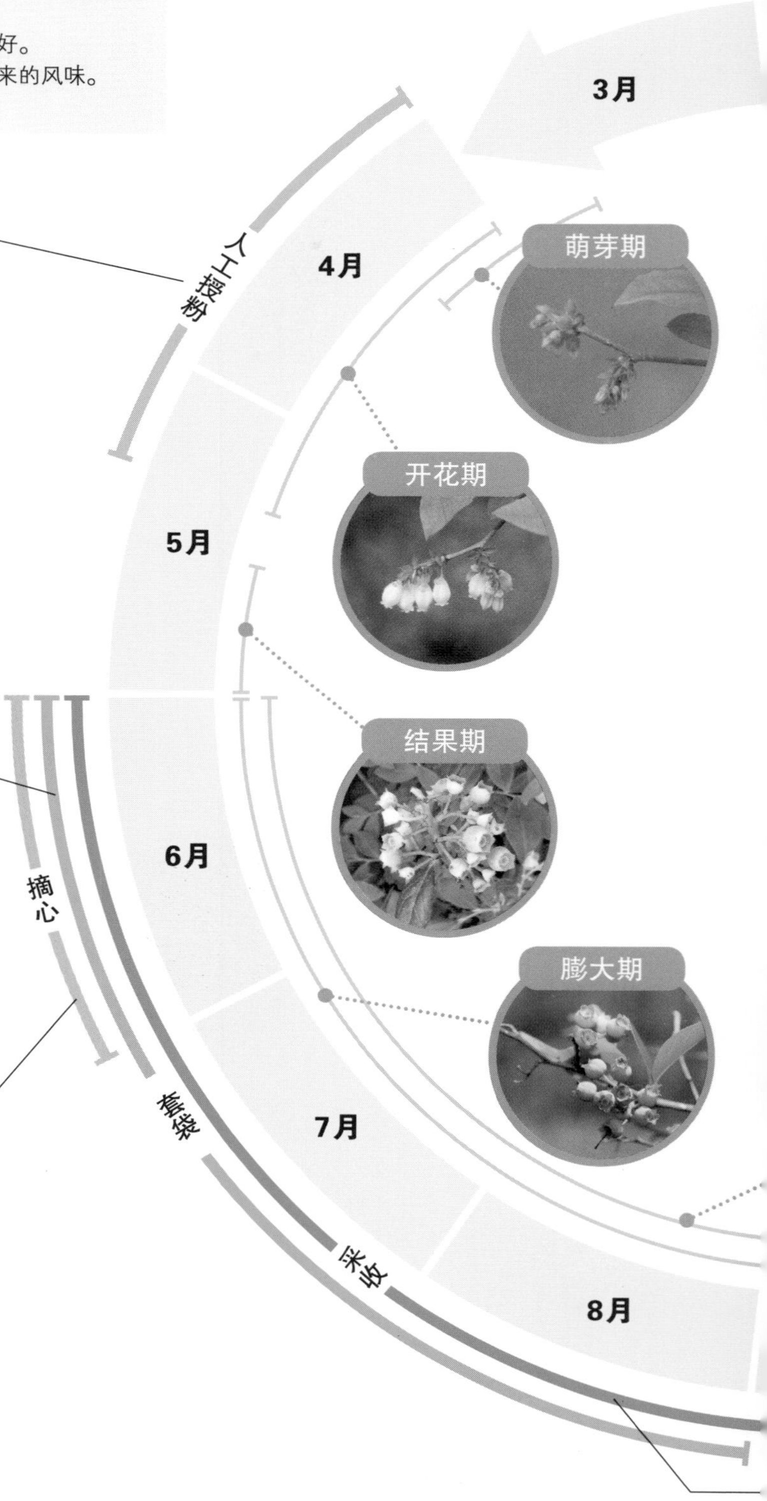

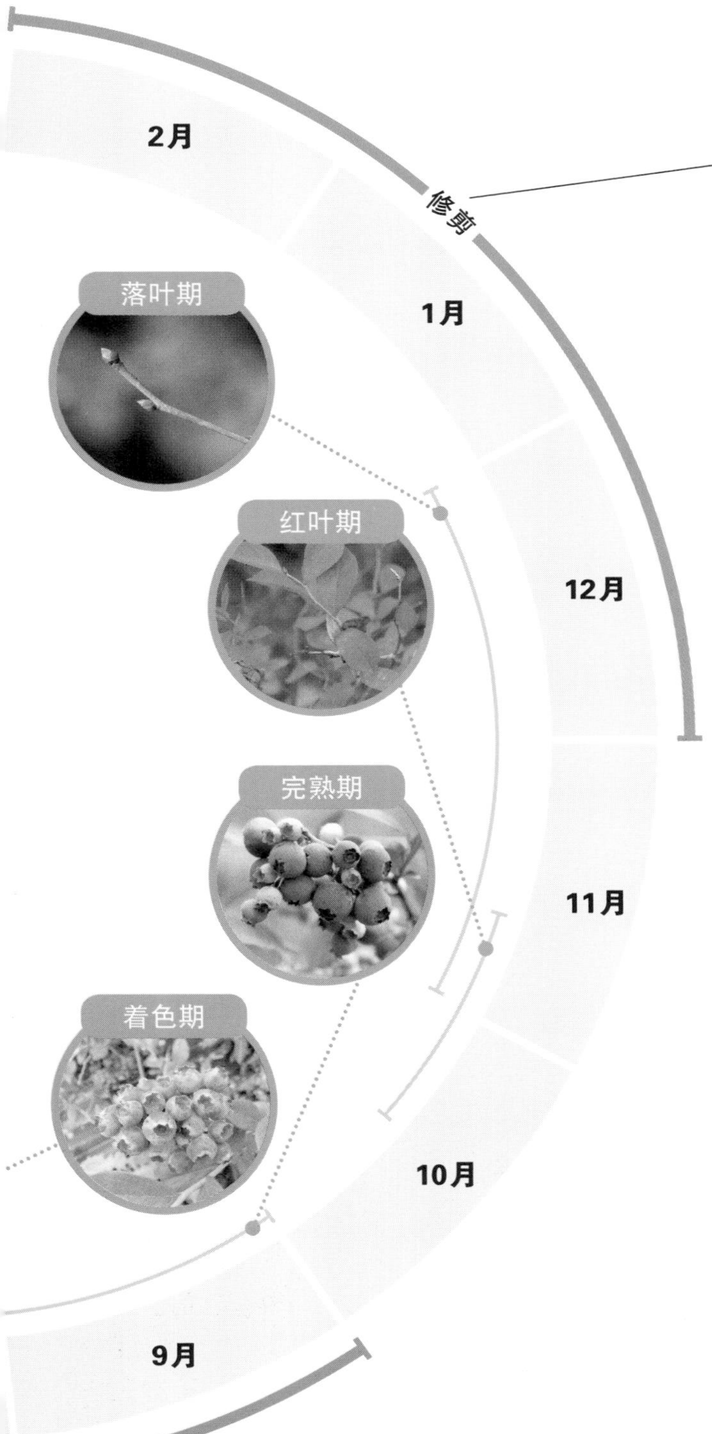

5 修剪（见 P166）

疏掉过密枝，只对长枝进行修剪。

4 采收（见 P165）

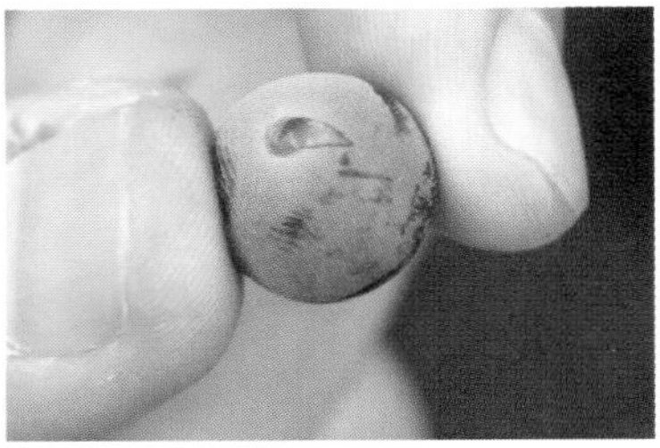

采收着色的果实。果皮如果翻卷，就不要再保存。

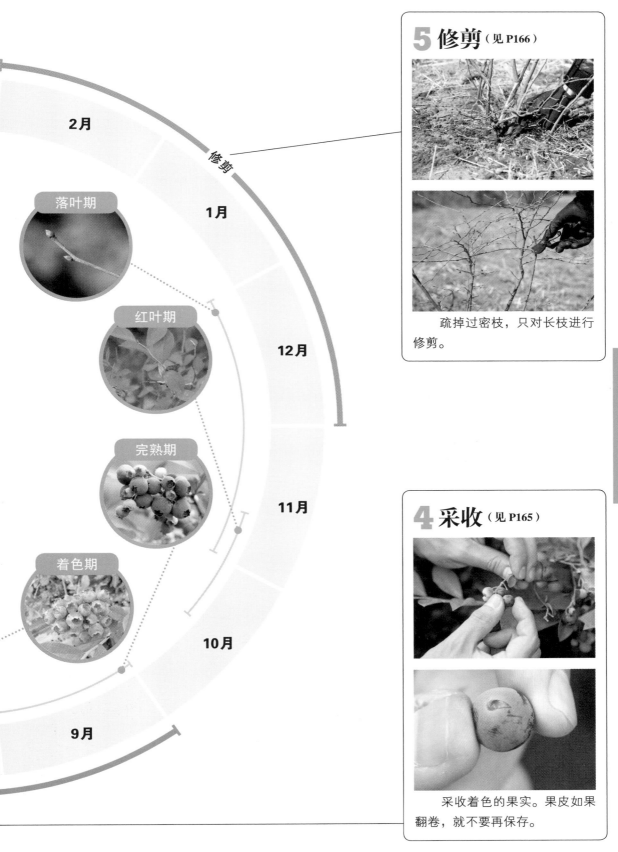

管理作业

1 人工授粉

4月~5月上旬

授粉的适宜时期

如右图所示，对花瓣还没有鼓起的A授粉就太早，对花瓣已落的C授粉就太迟了。像B这样花瓣正好鼓起开放，还没有变色的花，正是人工授粉的适宜时期。

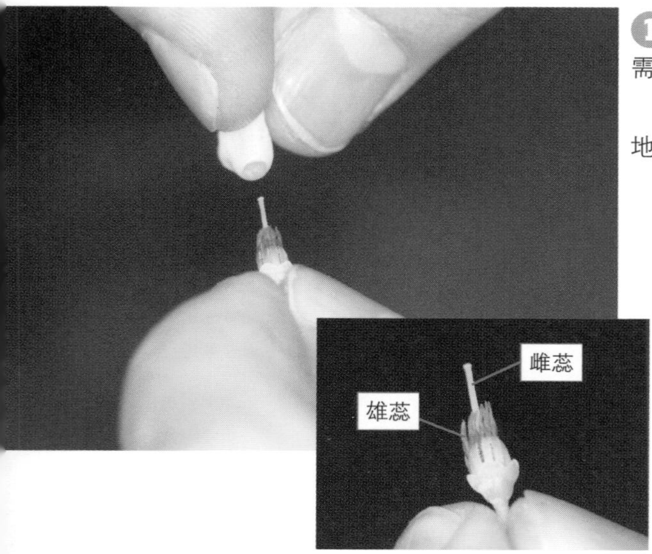

❶ 在结实好的情况下不需要人工授粉。

摘花后只把花瓣轻轻地取下。

❷ 轻轻地揉搓茶色的雄蕊，涂抹到另外品种的雌蕊顶端。高灌、兔眼都是同类型的不同品种间进行人工授粉，开花期接近，适应性也好。

2 套袋 提升作业

6~8月

果实完熟后容易被鸟啄食。开始上色的时候用市售的果袋套在果穗上，就能简单地预防。但是对乌鸦等大鸟的预防效果不好。防止鸟啄食的万全之策，是把整株用网罩起来。

3 摘心

6 月

❶ 对长枝进行摘心，它的顶端分叉，花芽就多，第 2 年的产量就增加。

❷ 摘心后，在顶端附近 2~4 个枝开始生长。因为第 2 年的花芽从 7 月下旬开始形成，在 6 月如果不摘心就形不成花芽，也就不会坐果，这一点需要注意。

4 采收

6~9 月

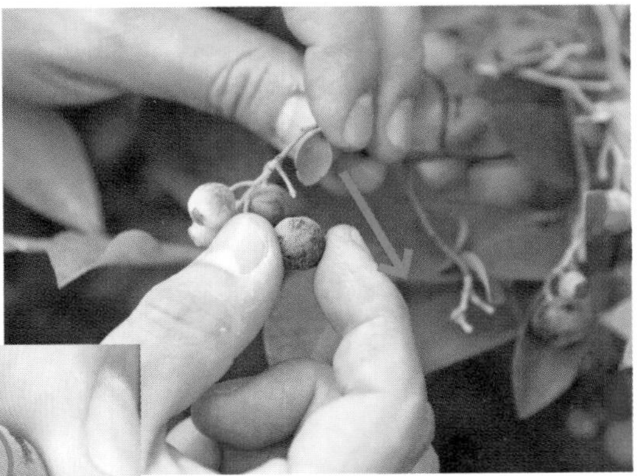

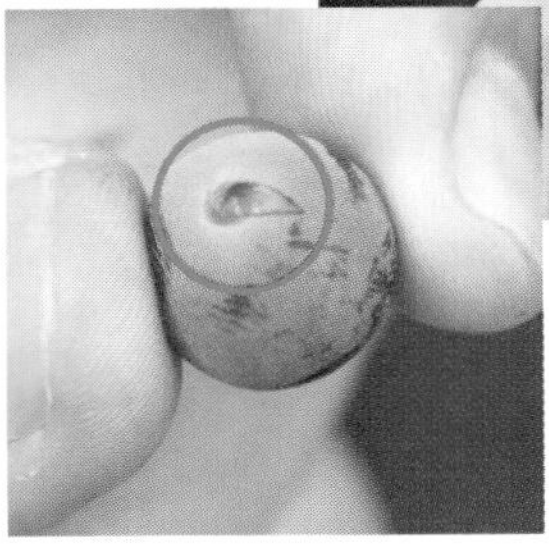

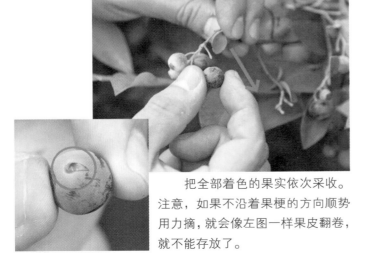

把全部着色的果实依次采收。注意，如果不沿着果梗的方向顺势用力摘，就会像左图一样果皮翻卷，就不能存放了。

注意土壤干燥

根不耐干旱，若土壤干旱，植株会很快萎蔫，所以要注意。即使是庭院栽培的夏天也必须要浇水。一般适度控水果实会甜，但是过度干旱，树就枯死，这一点要注意。

5 修剪

12月～第2年2月

■枝的生长方式与果实的着生位置

2月下旬

纯花芽（见P22）

花芽着生在枝的顶端，与叶芽能区分开。

这种果树的花芽是着生在枝顶端的类型，胖大的芽为花芽，瘦小的芽为叶芽，从外观上能区分开，所以修剪时也不是那么难操作。如右图，顶端的5个芽是花芽，下部的全是叶芽。修剪时如果在A处剪切，就剪掉了花芽，不能结果了。

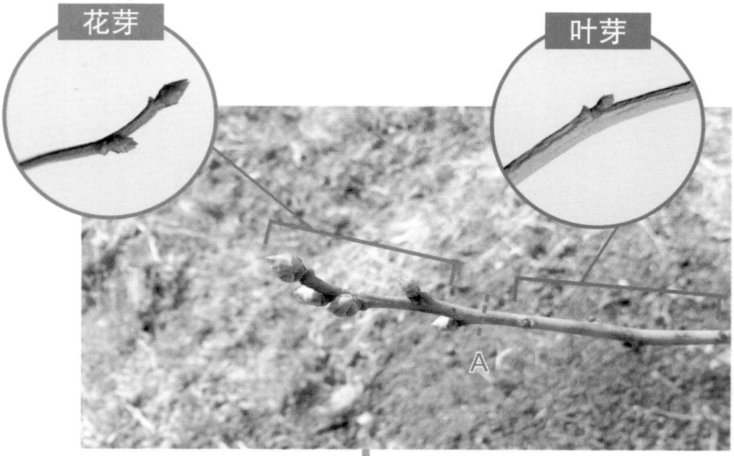

4月中旬

右图为萌芽时的状态。在顶端的5个花芽上有多个蕾着生，叶芽上着生叶的枝也开始生长。

5月上旬

右图为开花时的状态。顶端的花芽分别有6个左右的花开放了。叶芽上各有1个枝生长，并着生叶。

6月下旬

右图中的枝顶端附近着生着30个以上的果实。2月下旬如果在A的位置剪截，这个枝就不能结果了。修剪时，原则上只对长枝剪1/3左右。另外，在1个枝上留30个以上的果稍微有点多，而且果实长的小，树也负担重。如果冬天时把花芽减至3个，果实会又甜又大，叶芽生长的枝上也易形成花芽。

修剪的顺序

① 把分枝从树干基部疏掉
因为分枝不断地长出，适量地留下一部分枝，把其余的剪掉。

② 把不需要的枝从基部疏掉
把又粗又长的枝、交叉重叠的枝和过密枝等剪掉。

③ 把长枝的顶端短截 1/3 左右
把长枝和分枝等顶端剪掉 1/3 左右。

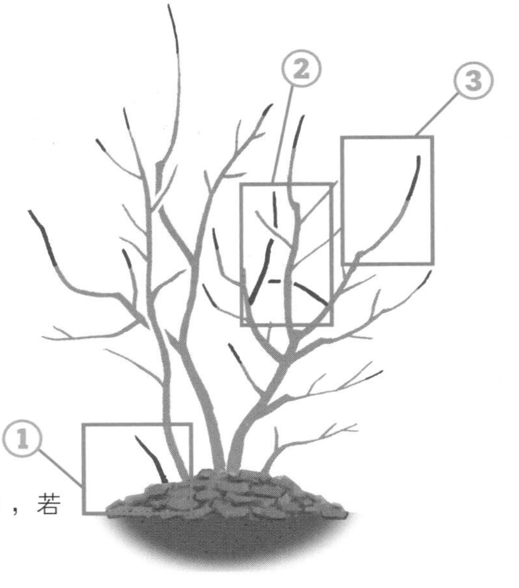

从生形树形（见 P11），若枝老了就用新的分枝替代。

① 把分枝从树干基部疏掉

分枝从树干基部不断长出。修剪时并不是把所有的分枝都剪掉，要适度地选留。这些分枝再经过 1~2 年分叉，能结果时就把附近的老枝从树干基部剪掉。通过这样的更新，使树体保持低矮状态，每年都能稳定地结果。

② 把不需要的枝从基部疏掉

徒长枝

在徒长枝（疯长枝）上，花芽难以形成。因为这样的枝多数不能结果，所以要从基部剪掉。

过密枝

疏掉过密的枝条，把着生花芽的短枝数量也减少一些，留下的枝结出的果实就会又大又甜。

交叉枝

互相交叉的枝太密，风吹时会互相摩擦弄伤树皮，应该疏剪掉其中的一枝。

③ 把长枝的顶端短截 1/3 左右

长枝

30cm 以上的长枝，从枝的顶端剪掉 1/3 左右。

骨干枝的顶端附近

骨干枝的顶端附近如果留下花芽，就会坐果，枝就不健壮，所以把花芽剪掉，只留下叶芽。

分枝

把在①处留下的分枝短截 1/3 左右，促进枝分叉。6月时如果摘心，就不需要再修剪了。

为了使长枝、骨干枝、分枝健壮地生长，可从枝顶端剪掉 1/3 左右，但是其余的枝为了使其结果要留下。

■修剪前后

因为把分枝和过密的部分枝剪掉了，等到长出叶片时，树的内膛也能获得阳光且通风良好。

■病虫害防治措施

病虫害名称	发生时期	症状	防治方法
灰霉病	5~7月	在枝、叶、花、果实上产生灰白色的霉状物，不久就干枯	改善通风透光条件，湿度不能太大
斑点病	5~9月	在叶上产生褐色和红色的斑点，受感染的果实上产生霉状物腐烂	发现时立即把病叶除掉。盆栽时放在屋檐下等雨淋不到的地方培育
金龟甲类	6~12月	幼虫咬食根，成虫把叶咬成乱网状	盆栽的在栽植时确认一下土内有无幼虫。庭院栽培的在土壤中撒施药剂
卷叶虫类	5~7月	幼虫一边咬食嫩叶一边卷叶，弄成筒状	观察枝的顶端，一旦发现立即摘除捕杀

斑点病

金龟甲类

卷叶虫类

盆栽

需要培育两个以上的不同品种，但是不能在同一盆内栽植，应分别栽植。用土和浇水都要注意。

资料

■用土

用蓝莓用土最合适。如果没有，用泥炭土（酸度未调整）与蔬菜用土按照 5:5 的比例掺混使用。在盆底铺上厚度为 3cm 左右的碎石。

■栽植（盆的大小：8~15 号）

参见 P10。比起棒苗来还是推荐大苗。

■放置场所

从春天到秋天要放在直射阳光长的屋檐下为好。但是在 7~8 月，如果放在房屋西侧太阳照不到的地方，炎热和干旱对根的伤害会减少。

■浇水

盆土的表面如果干了，要浇足水。

■施肥

如果用 8 号盆（直径 24cm）栽培，3 月施油渣 20g，5 月和 9 月分别施复合肥 8g。

■管理作业

参见 P164~169。

盆栽的基本方法和庭院栽培一样，需在另外的盆内栽培不同的品种，并进行整形修剪。

桃

资料

科属名	蔷薇科，桃属
形态	落叶乔木
树高	2.5m 左右，最高 10m
耐寒气温	－15℃
土壤 pH	5.5~6.0
花芽	纯花芽
隔年结果	难

授粉树

不需要（少数的会根据品种不同而异）

难易度

难

施肥（庭院种植）

树冠直径不到 1m 的树，3 月施油渣 130g，5 月和 9 月分别施复合肥 30g。

栽培日历

	1月	2月	3月	4月	5月	6月	7月	8月	9月	10月	11月	12月
栽植	■	■	■	（严寒期除外）							■	■
枝的管理	■	■	修剪		扭枝 ■	摘心					修剪	■
花的管理			■	■ 开花、人工授粉								
果实的管理					疏果 ■	套袋						
采收						■	■	■	■			
施肥			■		■				■			

完熟的果实非常甜

桃成熟后很甜，果肉柔软，所以市售的果实要考虑到碰伤等问题，有提早采摘的倾向。可以把家庭栽培的和市售的桃比较一下，享受一下桃果本来的味道。

果实的表面没有毛、果肉很硬的油桃也是桃的同类，栽培方法相同。作为水果比普通的桃流通量少，所以是想推荐培育的种类之一。

原则上不需要授粉树，但是川中岛桃、白桃、冈山梦白桃、秋空等花粉少的品种，必须要和花粉多的品种一起栽培。

因为果实的表面柔嫩，所以灰霉病等病害易侵染发病，在降雨量多的地区选择早熟品种受害就会轻。另外，5 月套上果袋，能控制病虫为害。盆栽时尽量放在雨淋不着的屋檐下等地。

■品种

品种名称		花粉	采收期									果肉颜色	单果重/g	特征
			6月			7月			8月					
桃	武井白凤	多			■	■						白	220	甜味强、酸味少的早熟品种。病虫害大发生之前就能采收，所以适合初学者栽培
	黎明	多						■	■			白	250	因为高糖度、低酸度、口味好，裂果也很少，是近年来很受欢迎的品种
	黄金桃	多							■	■		黄	250	受欢迎的黄肉品种。因为树姿为开张型，枝很难直立生长，所以容易培育
	川中岛	少							■	■		白	300	大果型的基本品种，因花粉量少，其授粉树需要选择花粉量多的品种
油桃	平塚红	多						■	■			黄	150	果实虽小但汁多的品种，裂果也轻，很容易培育
	幻想	多								■	■	黄	230	即使在油桃当中也是具有一级味道的基本品种。因晚熟，要注意防治病虫害

■栽植和整形修剪

（修剪培育成自然开心形）

第 1 年（栽植）

时期

11 月 ~ 第 2 年 3 月（严寒期除外）

要点

如果栽在光照和排水好的地方，会收获甜味大的果实。因为开花期早，所以在温暖地区在 11~12 月就可栽植。

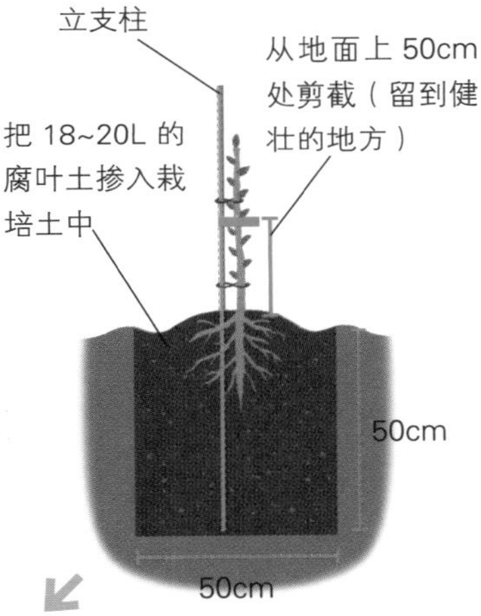

左右各配置 1 个主枝，修剪培育成自然开心形（见 P11）的树。

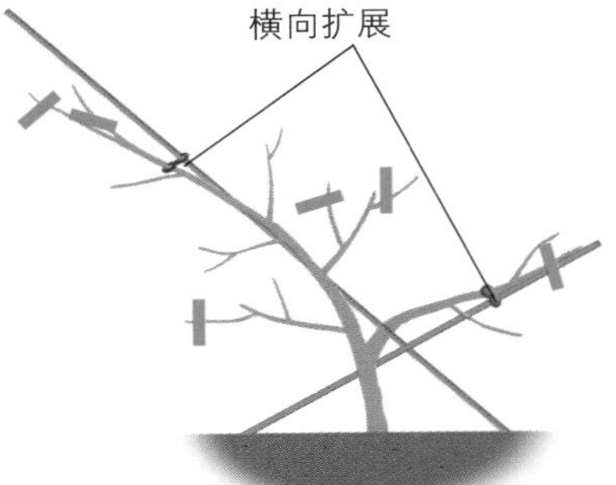

第 2~3 年

为了使枝横向扩展，可斜向立支柱，把树体倾斜地固定住。和固定方向的相对一侧选择 1 个生长枝，斜向立支柱使其固定。

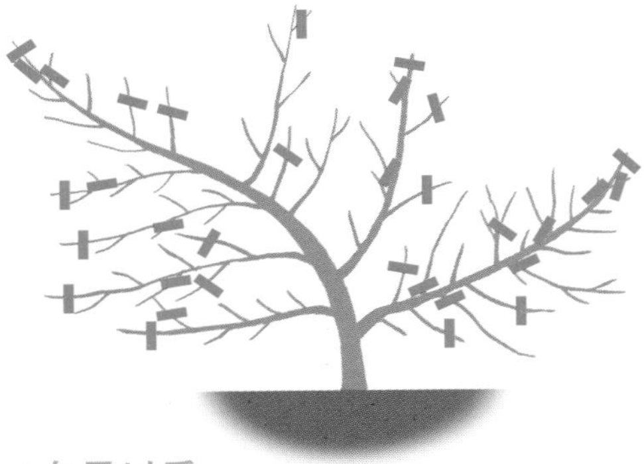

第 4 年及以后

不要让树长得太大，尽可能地留下斜向生长的枝，疏掉直立枝。

■作业与生育周期

要点

- 对于花粉少的品种要栽植授粉树。
- 套果袋，以防止病虫为害。
- 只采摘完熟的果实。
- 日烧和虫害造成的伤口处有时会流胶。

1 人工授粉（见P174）

只在每年结果不好的情况下进行。

2 疏果（见P174）

为能收获又大又甜的果实，要进行疏果。

3 套袋（见P174）

果实套袋，可防止病虫为害。

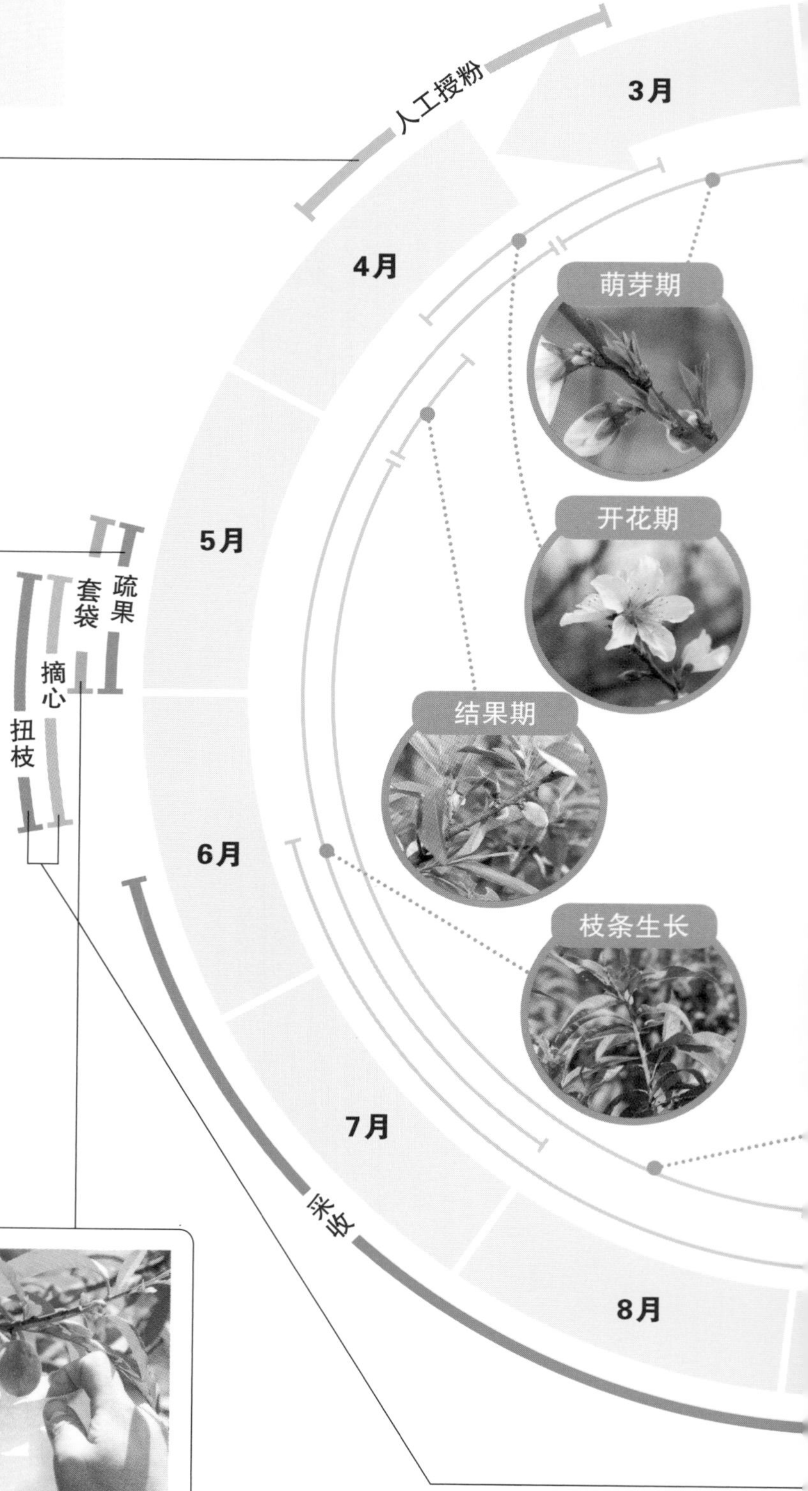

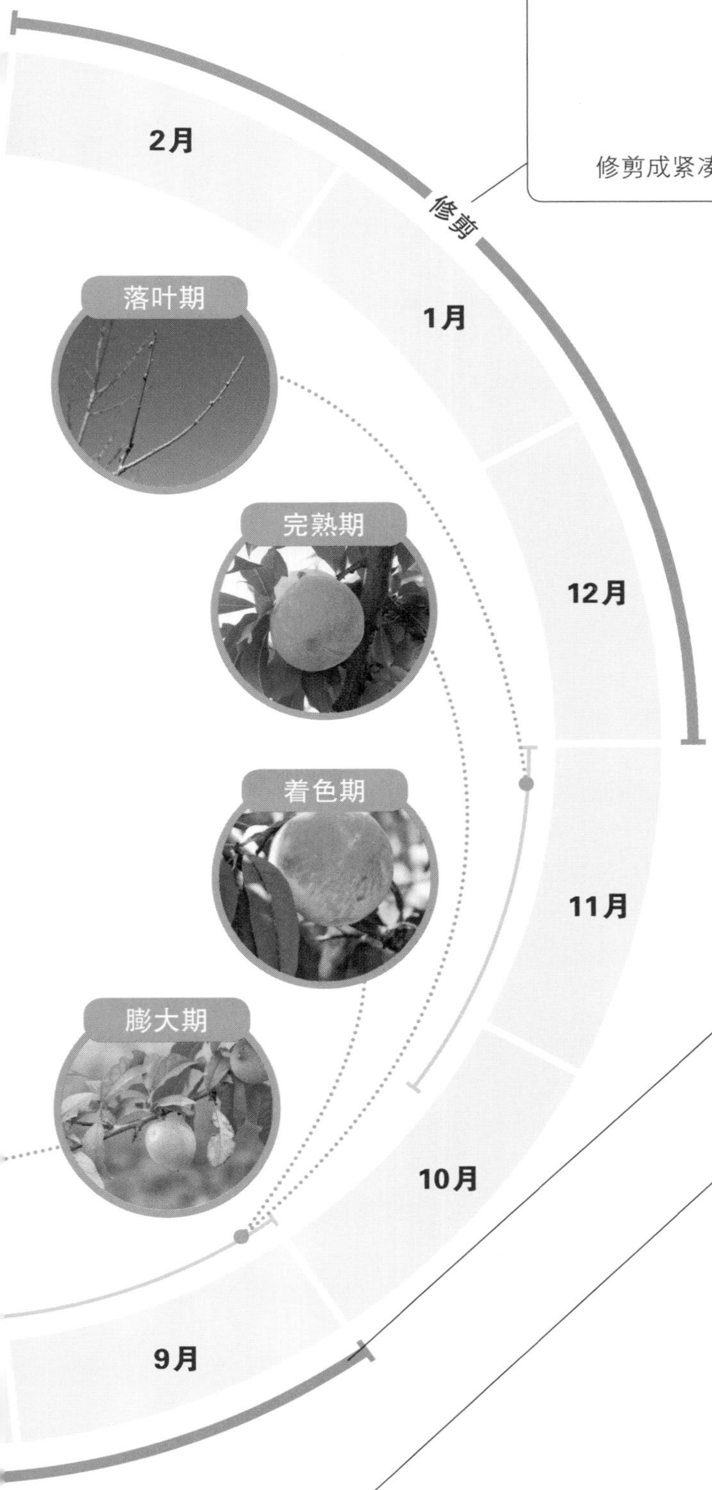

7 修剪（见 P176）

（见 P176）

修剪成紧凑型的树。

6 采收（见 P175）

只采摘完熟的果实。

5 扭枝（见 P175）

拧弯枝条，以抑制不必要的生长，调整成方便使用的方向。

4 摘心（见 P175）

为了控制枝不必要的生长，把顶端剪掉。

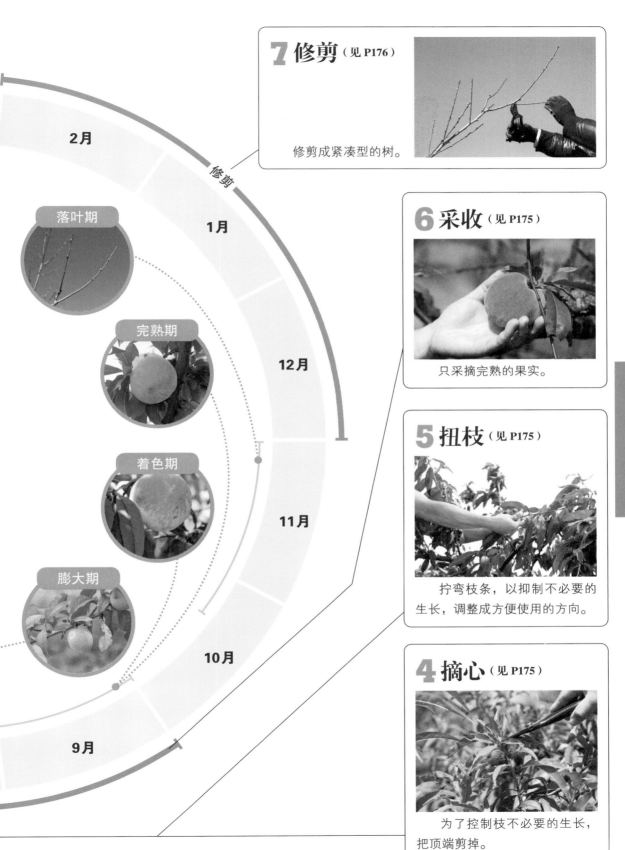

管理作业

1 人工授粉

3 月中旬 ~4 月中旬

一般通过蜜蜂等便能完成授粉。但是，遇到每年结实不好的情况，或者是花粉少的品种，为了使之充分授粉，就要人工摘取正开着的花朵，用雄蕊向其他花的雌蕊上涂抹。花粉少的品种，需要用花粉多的品种。1 朵花的雄蕊可给 10 朵花授粉。

2 疏果

5 月中旬 ~5 月下旬

因为桃隔年结果很难，如果不人为地减少果实，会坐果太多，结出小且不甜的果实。待落果基本稳定后的 5 月中旬 ~ 下旬，以每个果对应 30 片叶片的比例把其余的果疏掉。枝（上一年生长的茶色枝）上果实的间隔距离以 15cm 为宜。因为向上生长的果实易被风吹落，所以优先保留向下或横向生长的果实。

3 套袋

5 月中旬 ~5 月下旬

因为桃果实的表面柔嫩，易被病虫为害，家庭栽培时不方便喷洒农药，所以套袋很有防护效果。

疏果结束后就套上袋，因为果梗短，所以连枝一起用附带的铁丝牢牢地拧紧，注意不要留下缝隙。

4 摘心

5 月下旬 ~6 月上旬

直立枝，容易长得又粗又长。除日照和通风变差外，还消耗养分，所以要摘心。

在直立枝长到 15cm 左右时摘心。

5 扭枝

提升作业

5 月下旬 ~6 月上旬

① 把绿色的直立枝拧转弯曲，到第 2 年就变成能有效利用的枝。另外，控制枝不必要的生长，在叶的基部易着生花芽。

用两手捏住枝条，其中一只手从枝的基部用劲支撑住，使之不要折断。

② 用另一只手，拧转弯曲枝条，使枝的一部分变柔软，同时调整生长角度。弯曲枝条的同时拧转枝条是关键，但并不是将枝弄到水平方向。放手后枝条能倒向需要的方向就算扭枝成功。

6 采收

6 月中旬 ~9 月

桃因为在完熟之前甜度迅速增加，所以只采摘完熟的果实。取下果袋，把完全着色的果实轻轻地托住，向上稍一用力就可采摘下来。

如果果梗留在果实上，会碰伤其他的果实，所以要用剪刀剪短。

7 修剪

12 月～第 2 年 2 月

■枝的生长方式与果实的着生位置

1 月下旬

纯花芽（见 P22）

花芽散布在整条枝上，与叶芽能区分开。胖大的芽为花芽，瘦小的芽为叶芽，修剪时从外观上就能辨别。在 1 个地方虽着生着 1~3 个芽，但是花芽和叶芽这两种芽都可能有。因为花芽散布在整条枝上，所以即使是从顶端剪掉一段枝，照样还能结果。

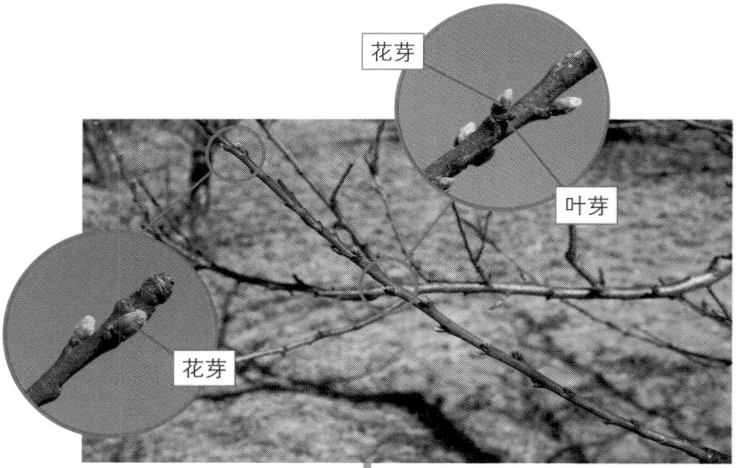

3 月下旬

右图为开花时的状态。因为花和枝叶几乎同时萌动，整个枝上都能看到花和枝叶着生，所以在开花时也稍微能看到小绿叶。

5 月上旬

右图为结果、叶展开时的状态。但并不是所有的花都能结果。

6 月上旬

右图中果实压枝，使枝下垂。因为枝长只有 30cm 左右，所以疏果后枝上只留下 2 个果。

■修剪的顺序

① **把顶端的枝留下 1 个，其余的疏掉**
留下 1 个健壮的枝，把其余的枝疏掉。

② **把不需要的枝从基部疏掉**
把过密枝和平行枝等不需要的枝疏掉。

③ **把老枝更换成新枝**
剪掉老枝，更换成从近处发出来的新枝。

④ **把枝的顶端剪掉 1/3 左右**
把长度 20cm 以上的枝顶端剪掉 1/3 左右。

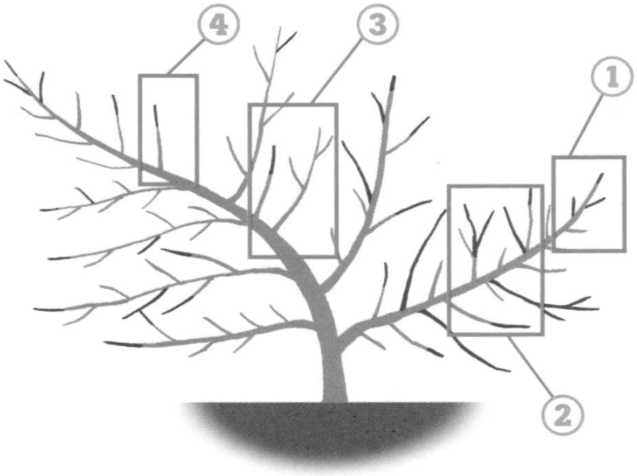

不需要的枝应从基部疏掉，
并把老枝更换成新枝。

① 把顶端的枝留下 1 个，其余的疏掉

树的顶端附近有分枝的情况下只留下1个枝，其余的从基部疏掉。留下 1 个枝后成为骨干枝（主枝、亚主枝），能够笔直地生长。把留下的枝在④步时剪截 1/3 左右。

② 把不需要的枝从基部疏掉

❶ 把过密枝和平行枝优先从基部疏掉，第 2 年即使是枝叶生长也不会过密。

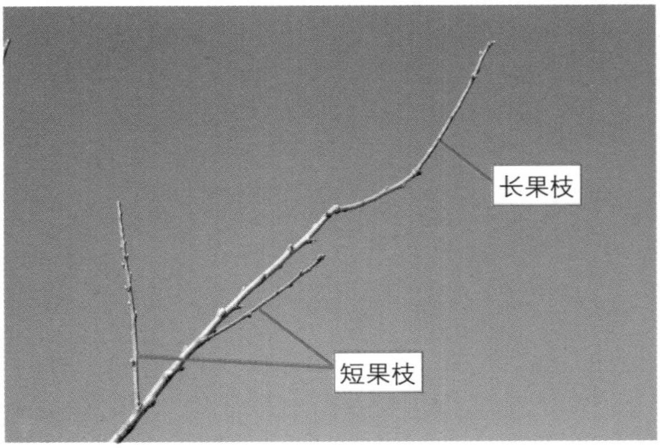

❷ 在疏枝之后，留下长度在 15cm 以下的短果枝占 70% 左右，长度在 20cm 以上的长果枝占 30% 左右是最理想的。

③ 把老枝更换成新枝

枝在多年利用之后，内膛附近的枝枯死就不再结果和长叶片了。在此之前就要把周围的长果枝留下准备更换。1~2 年后，如果在长果枝上能坐住果了，就可以把老枝从基部疏掉。留下的枝在④步时应剪截 1/3 左右。

④ 把枝的顶端剪掉 1/3 左右

第 2 年健壮的枝正常生长。在①~③步中留下的枝当中，把 20cm 以上的长果枝顶端剪掉 1/3 左右，这时尖端的芽是叶芽，并使之成为外芽。长度在 15cm 以下的短果枝可不修剪。

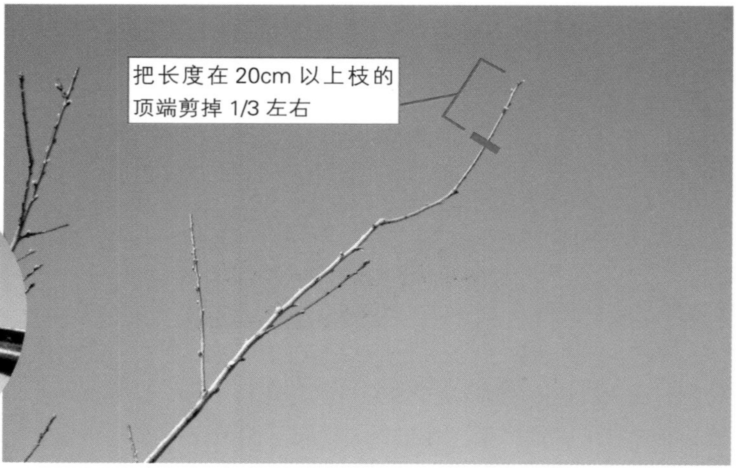

防止主干的日烧

桃的主干抗日烧能力弱。夏天时如果强太阳光照射，会使其变成黑色并变衰弱（如右图）。特别是骨干枝，为了不使之衰弱，最好用附近的枝当作遮阳伞加以利用。其方法是，把附近的枝弯曲用细绳系在主枝上方，这样从弯曲的枝上长出的叶片能够为主枝遮阴防晒。

病虫害防治措施

病虫害名称	发生时期	症状	防治方法
灰霉病	5~9月	将近成熟的果实上像覆盖一层粉状物而变灰白色，不久变成僵果	套袋以防止果实被雨淋，发现受侵染的果立即摘除
细菌性穿孔病	4~9月	在叶、枝、果实上产生褐色的斑点，深深地凹陷	发现受侵染的果立即摘除
缩叶病	3~4月	嫩叶像烫起泡一样皱缩卷曲。与蚜虫为害状相似，但是无成虫和脱皮的痕迹	冬天时喷洒石灰硫黄合剂非常有效
食心虫	5~9月	梨小食心虫等钻蛀为害果实和枝梢的尖端	套袋。观察新梢的尖端，一旦发现，立即捕杀

灰霉病

缩叶病

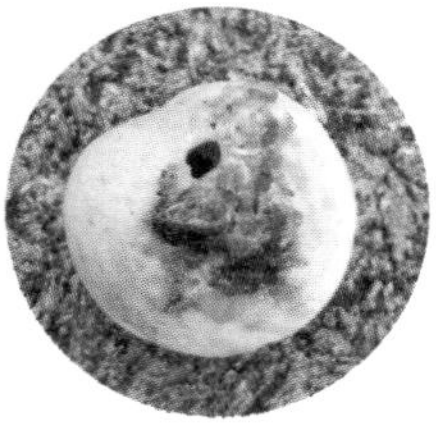
食心虫

盆栽

盆栽的桃树，如果放在屋檐下等雨淋不着的地方，病害几乎不发生。如果庭院排水不好，也推荐进行盆栽。

资料

■用土

用果树或花木用土最合适。如果没有，可将蔬菜用土和沼泽土（小粒）按 7:3 的比例混合使用。另外在盆底铺上 3cm 左右厚的碎石。

■栽植（盆的大小：8~15 号）

参见 P10。比起棒苗来还是推荐大苗。

■放置场所

放在从春天到秋天直射阳光长的地方为好。因为不耐病虫为害，所以尽量放在屋檐下等雨淋不到的地方。

■浇水

盆土的表面如果干了，要浇足水。

■施肥

如果用 8 号盆（直径 24cm）栽培，3 月施入油渣 20g，5 月和 9 月分别施复合肥 8g。

■管理作业

参见 P174 ~ 179。

留下2～3个主干枝，修剪培育成自然开心形（见P11）。

苹果

资料

科属名	蔷薇科，苹果属
形态	落叶乔木
树高	2.5m 左右，最高 10m
耐寒气温	−25℃
土壤 pH	5.5~6.5
花芽	混合花芽
隔年结果	容易（根据品种而不同）

授粉树

需要

难易度

一般

施肥（庭院种植）

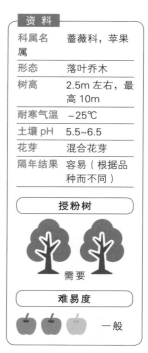

树冠直径不到 1m 的树，2 月施油渣 150g，5 月施复合肥 45 g，10 月施复合肥 30g。

栽培日历

	1月	2月	3月	4月	5月	6月	7月	8月	9月	10月	11月	12月
栽植	■	■	■	（严寒期除外）							■	■
枝的管理	■	■	■ 修剪								修剪	■
花的管理				■	开花、人工授粉							
果实的管理				疏果	■	套袋						
采收								■	■	■	■	
施肥		■			■					■		

能大范围栽培的基本果树

苹果冬天耐寒性强，降雪时做好防护措施，在日本北海道也能栽培。在温暖地区栽培，果皮色泽差，果肉变软。如果不太在意颜色和果肉质量，日本鹿儿岛县以北的地区就能栽培。

因为自花授粉结果差，所以需要两个不同的品种一起栽培。在选择品种时要注意品种间的适应性（见 P184）。另外，也要注意砧木的选择，对于苹果，用圆叶海棠作乔化砧木，有耐干旱、寿命长的特点。还有矮化砧木，如M_9、M_{26}、M_{27}等，树的高度大约为其普通苹果树的一半，所以栽培时如果要栽培紧凑型，就可购买在矮化砧木上嫁接了接穗的苗木。从专门的苗木公司购买的苗木，大多数都标记着砧木名。

品种

品种名称	采收期												果实颜色	单果重/g	水心病	特征
	8月			9月			10月			11月						
津轻			■	■									红色	300	无	早熟品种的基本品种。多汁、结果性好，在温暖地区着色差
世界一						■	■						红色	500	无	如果加强栽培管理，能采摘到 1kg 以上的极大型果品种
秋映						■	■						深红色	300	无	色泽特别好的品种。在着色差的温暖地区也能栽培
阿鲁布斯圣女果						■	■						深红色	70	无	受欢迎的小型果品种。果实虽小，但是甜味很浓，结果性好，适合家庭园艺栽培
新乔纳金							■	■					黄白色	300	无	酸甜适中，容易储存。在黄色品种中最受欢迎
富士										■	■		红色	300	有	苹果的代表性品种。多汁、甜味强，耐储存

栽植和整形修剪（变则主干形的培育）

第 1 年（栽植）

时期

11 月～第 2 年 3 月（严寒期除外）

要点

在冷凉、降水量少的地区栽培，病虫害少，且着色好。因为根系有深扎的特点，至少要挖深度 50cm 以上的树坑，把土壤疏松后再栽植，并在近处栽上授粉树。

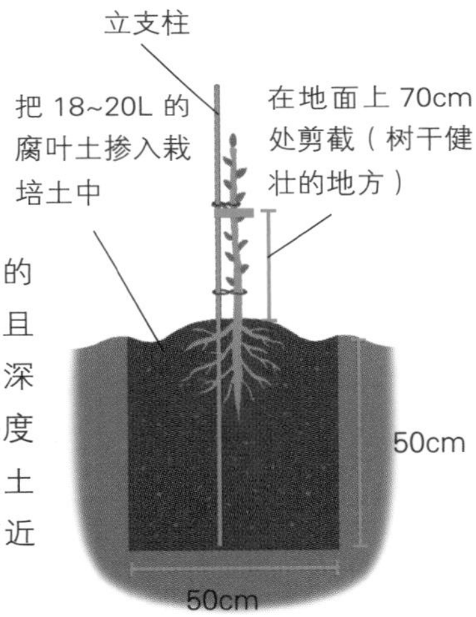

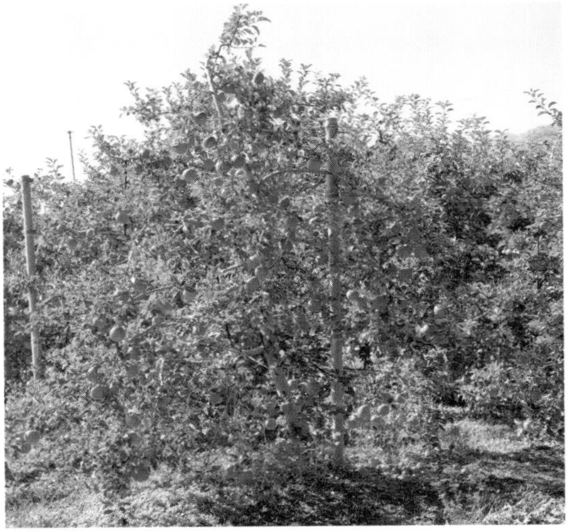

结了很多果实的苹果。如果想把树变矮，把顶端多剪截一些培育成变则主干形（见 P11）即可。

第 2 年

开始时让树干的顶端垂直向上生长。如果主干上有向上生长的分枝，用细绳系好向下拉拽并固定在地上。

第 3~4 年

把树的顶端多剪截一些，以控制树高。把直立枝疏掉，尽可能地使树横向生长。

■作业与生育周期

要点

- 在选择授粉树时要注意品种间的适应性。
- 疏果可以保证每年享受到香甜、个大的果实。
- 很容易长成大树，所以要剪成紧凑型。
- 在短果枝的顶端选留好的花芽着生。

1 人工授粉 （见 P184）

在花上涂抹不同品种的花粉，使之授粉。

2 疏果 （见 P185）

坐果过多会影响到下一年的收获量，所以必须进行。

3 套袋 （见 P185）

套袋可以减少病虫为害，果实着色也好。

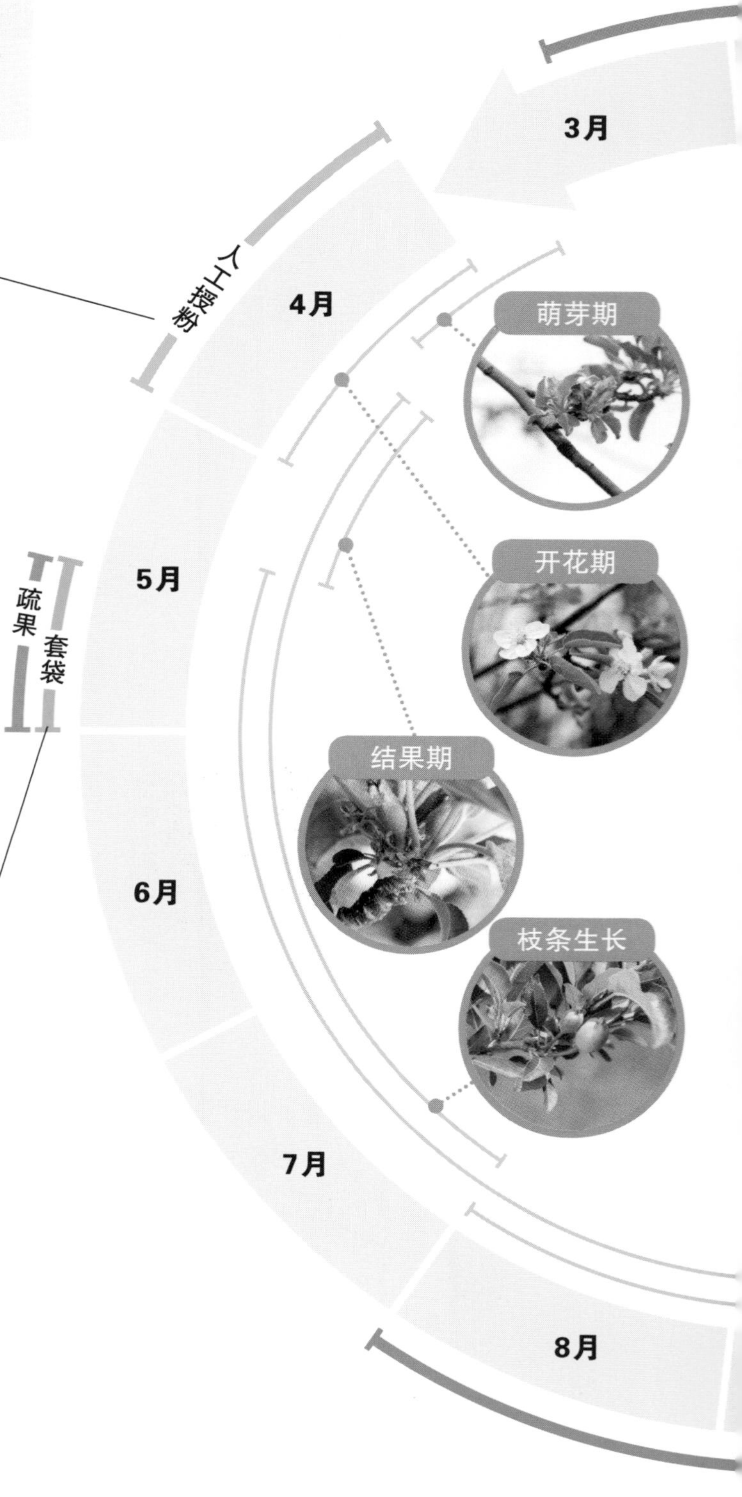

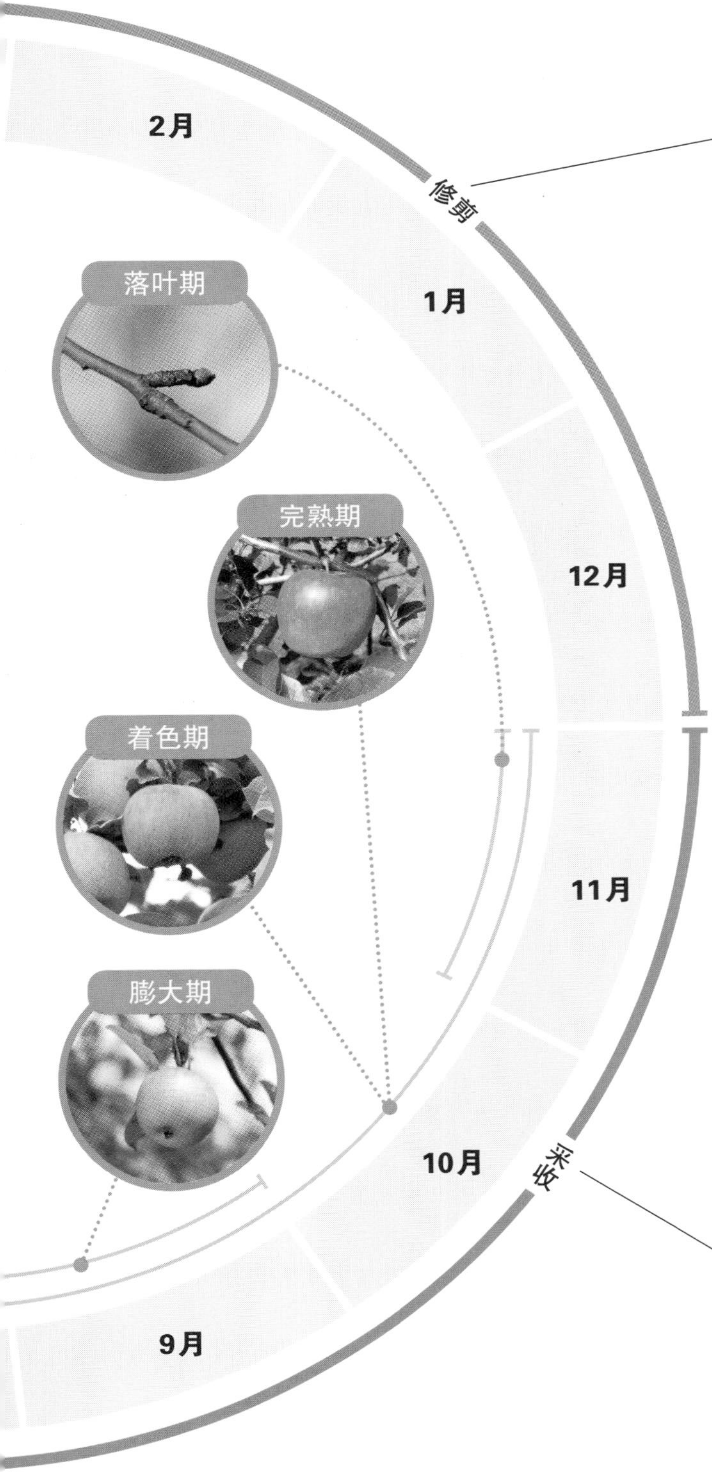

5 修剪（见P186）

要及时修剪，不要让其长成大树。

4 采收（见P185）

把完熟的果实依次采摘（见P185）下来，为了不碰伤果实，应把果梗剪短。

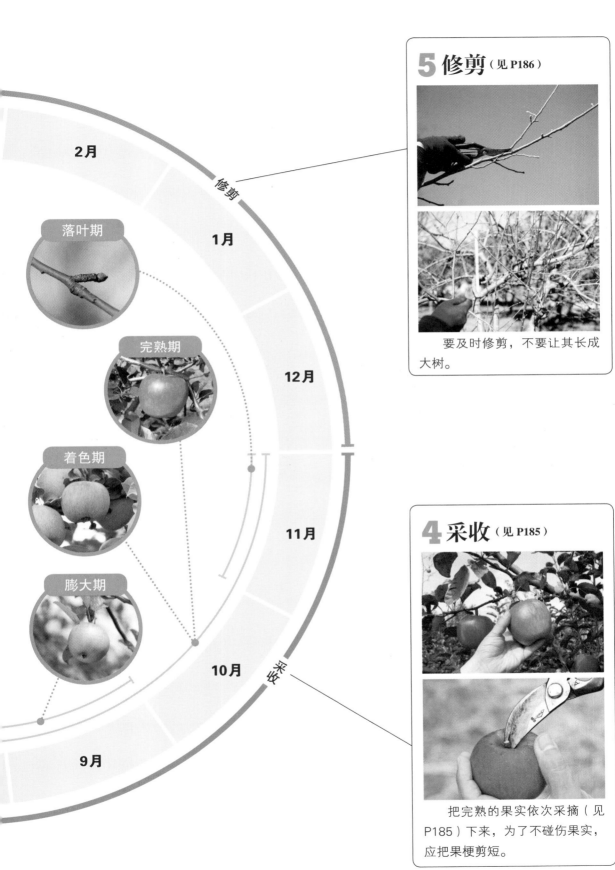

1 人工授粉

4 月

花序和中心花

1 个花芽上能开 5 个左右的花，这个叫作花序，周围着生着 15 片叶左右。花序中心的花叫中心花，它最早开，也能长成最好的果实。

方法① 花朵互相涂抹

摘取正开着的花朵，涂抹在不同品种的花蕊上。用 1 朵花可以给 10 朵左右的花授粉。

方法② 用毛笔互相涂抹

用毛笔尖在不同品种的花上互相涂抹。也可将几个品种的花粉收集到杯子里，再用毛笔蘸着花粉涂抹花。

授粉树品种间的适应性

即使是费了工夫完成授粉，由于品种间遗传方面的适应性不好而不能受精，也不能结果。参考下表来选择适应好的品种，作为授粉树栽植。要注意“乔纳金”不能作为授粉树。

雄蕊 雌蕊	津轻	世界一	秋映	阿鲁布斯圣女果	乔纳金	新乔纳金	富士
津轻	×	○	○	○	×	○	○
世界一	○	×	○	○	×	○	○
秋映	○	○	×	○	×	×	○
阿鲁布斯圣女果	○	○	○	×	×	○	×
乔纳金	○	○	○	○	×	○	○
新乔纳金	○	○	×	○	×	×	○
富士	○	○	○	×	×	○	×

2 疏果

5 月中旬 ~5 月下旬

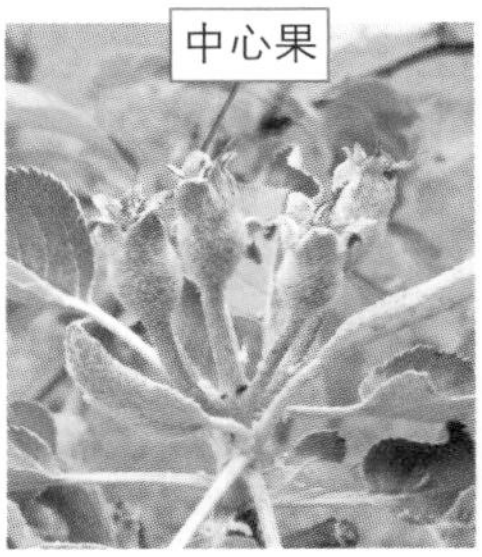

❶ “富士”等隔年结果性很强的品种，疏果要格外细致地进行。首先按1个花序留1个果，把其余的果疏掉。最好是留下最大的中心果。

疏果后
疏果后每个果附近留 50 片叶左右

❷ 其次，在3个花序上留1个果，把其余的疏掉。叶片数量，以每个果对应着50片叶为宜。像右图，在枝上有6个花序，所以只留下2个果。

3 套袋

5 月中旬 ~5 月下旬

为了防止病虫为害，疏果后直接套袋，另外还有使果面绿色变浅、红色更明显的效果。而早熟品种在采收前的1周，中熟品种在采收前的2周，晚熟品种在采收前的3周，摘下果袋，让其充分接受阳光，果面红色会变得更浓。

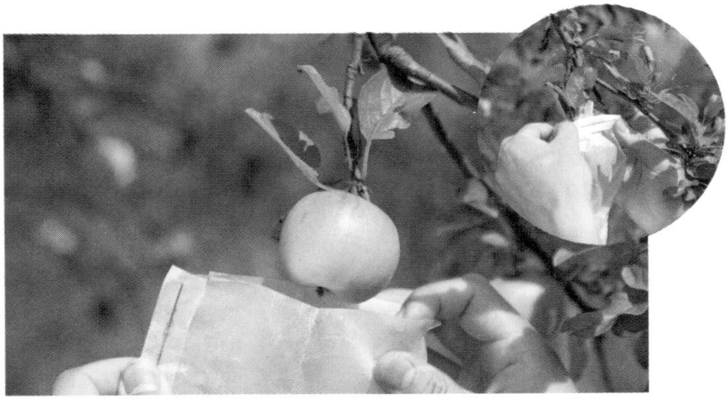

4 采收

8~11 月

将完全着色的果实依次采收。手握住果实，向上用力就可采下。因为在温暖地区着色性差，故不能只看色泽，也可通过品尝来确定采摘时间。为了使果实不互相扎伤，需把果梗剪短。

5 修剪

12 月～第 2 年 3 月中旬

■枝的生长方式与果实的着生位置

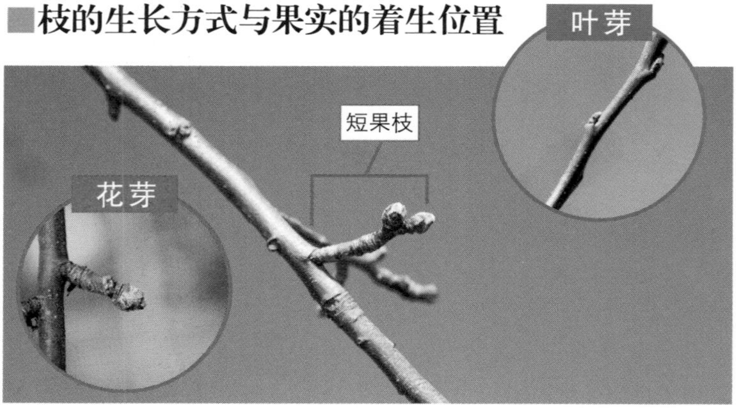

胖大的芽为花芽，瘦小的芽为叶芽，从外观上便能区分开。如上图中不到 15cm 长的短果枝顶端着生着 2 个花芽。因为由短果枝顶端着生的花芽结出的果实品质好，所以主要利用这个花芽。

2 月下旬

混合花芽（见 P22）

花芽散布在整条枝上，与叶芽能区分开。

4 月中旬

右图为开花时的状态。2 个花芽都开始萌芽，形成了 2 个花序，同时也着生着很多叶片。

6 月上旬

右图为结果时的状态。为了使结出的果实生长得更大，需进行疏果，最终 1 个花序只留下 1 个果。

果实着生多的枝条

在水平或斜向上生长的枝条上，下一年其上面会长出很多不到 15cm 长的短果枝。在这些短果枝顶端的花芽上结出的果实又大、品质又好。在苹果栽培中，促进短果枝发生是很重要的。长度在 20cm 以上的长果枝，虽然也能着生花芽，但是结出的果实多数是小果。把长果枝用细绳拉拽固定，使其变成水平生长后，上面容易长出短果枝。

■修剪的顺序

① **把顶端的枝留下 1 个，其余的枝疏掉，再把这枝的顶端短截**

② **把向上生长的枝拉成水平方向**
用细绳拉拽固定以改变枝的角度，使其横向生长。

③ **把直立枝从基部剪掉**

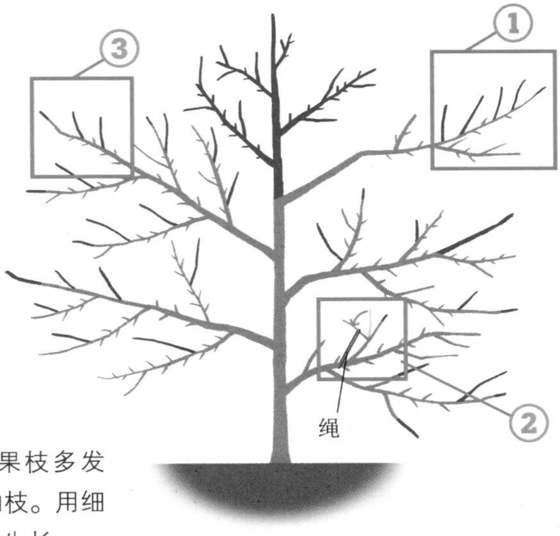

为了使容易结果的短果枝多发生，所以要留下横向生长的枝。用细绳等把枝拉拽固定使其横向生长。

---

① 把顶端的枝留下 1 个，其余的枝疏掉，再把这枝的顶端短截

❶ 如果顶端附近有同样粗的几个枝，称为“劣枝”的顶端枝生长不如眼前的这个枝，树形容易变歪斜。

❷ 在延长线上留下 1 个笔直生长的枝，其余的从基部剪掉。

❸ 把留下的这个枝从顶端剪掉 1/4 左右，以促进枝的生长。

苹果

②把向上生长的枝拉成水平方向

①果实易着生在由横向生长的枝发出的短果枝上。因此，从成为骨干的主枝、亚主枝上长出的枝条当中，如果横向生长的枝很少，可用细绳把向上生长的枝向下拉拽固定使其横向生长。

②从横向生长的枝上长出几个短果枝，夏天时生长成为易坐果的短果枝。结果到一定程度，由于果实的重量压枝，枝自然地会横向生长。

③把直立枝从基部剪掉

像②那样，横向生长的枝上易着生短果枝，但是向上生长的芽向正上方生长，很容易长成长果枝。而长果枝上很难坐果，所以需从基部剪掉。注意剪切时不是从枝的中间，而是从枝的基部剪除。

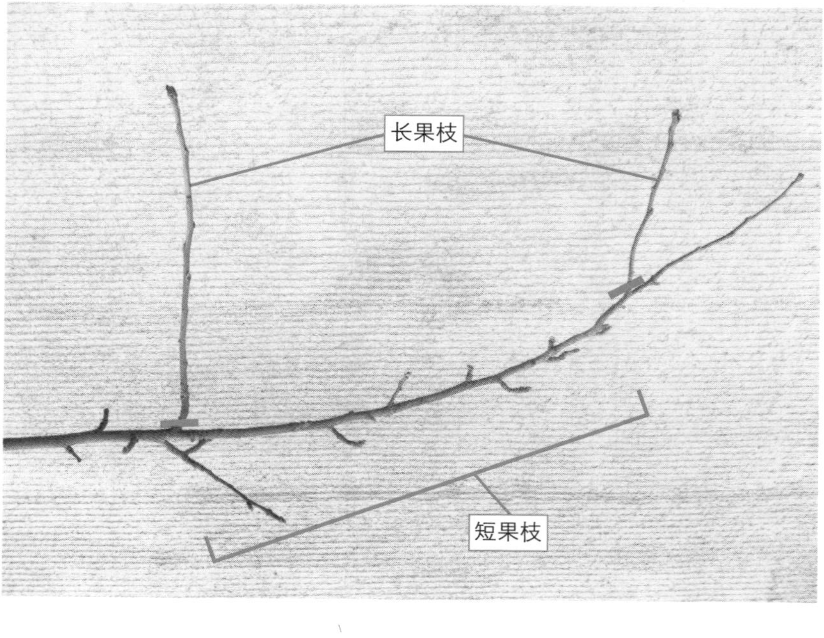

■病虫害防治措施

病虫害名称	发生时期	症状	防治方法
炭疽病	6~10月	在成熟果上产生黑斑，逐渐扩大凹陷	发现受害果，立即摘除
赤星病	4~8月	梅雨季节前后在叶的反面产生毛状体。9月以后毛状体变成黑色	在毛状体扩展之前把感染的叶片摘除。在附近不要栽植柏类树木
卷叶虫类	4~10月	幼虫在为害嫩叶的同时还把叶卷成筒状	一旦发现立即捕杀，特别是4~5月要注意仔细观察嫩叶
椿象类	6~10月	主要吸食果实的汁液。受害部位凹陷，果肉成为海绵状	疏果后立即套上果袋

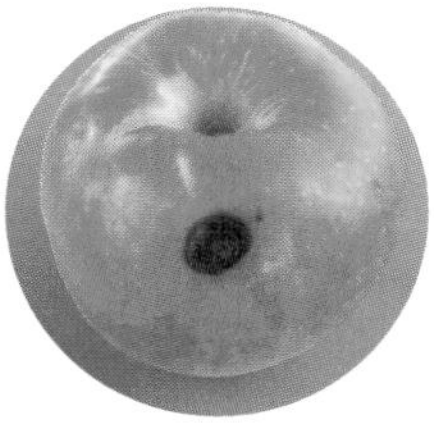

炭疽病

赤星病

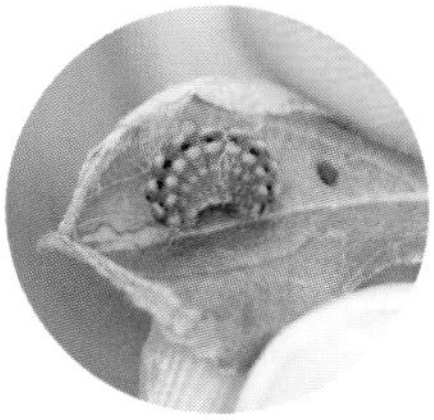

卷叶虫类

椿象类

盆栽

把枝拉成水平方向，使树变成紧凑型，结实会特别好。在盆的边缘上缠上细绳，引导固定枝时便于拴紧。

资料

■用土

用果树或花木用土最适合。如果没有，可将蔬菜用土和沼泽土（小粒）按 7:3 的比例混合使用。另外在盆底铺上 3cm 左右厚的碎石。

■栽植（盆的大小：8~15 号）

参见 P10。比起棒苗来还是推荐大苗。

■放置场所

从春天到秋天放在光照时间长的地方为好。因为不耐病，所以最好放在雨淋不到的地方。

■浇水

盆土的表面如果干了，要浇充足的水。

■施肥

如果用 8 号盆（直径 24cm），2 月施油渣 30g，5 月施复合肥 10 g，10 月施复合肥 8g。

■管理作业

参见 P184~189。

如果把两个品种同时栽到同一盆内，生长就会变差，所以每棵树要分别栽植，并且一定要用细绳把枝拉拽成水平方向。

棒苗：1个枝垂直向上生长的1~2年生的苗木（见P9）。

侧枝：指从主枝和亚主枝上长出的末端枝的总称。结果枝和发育枝是其中的一部分（见P11）。

雌雄同株：在同一树上雌花和雄花都有（见P12）。

雌雄异株：雌株上只着生雌花，雄株上只着生雄花，栽植时两种都需要栽植（见P12）。

大苗：3年以上有几根分叉的苗（见P9）。

长果枝：长度虽然没有明确的标准，不过通常指长度大约在30cm以上的枝，过长的枝是疯长枝，两者能区分开（见P11）。

常绿果树：即使到了冬天叶片也不脱落，一年中叶始终长在树上的果树（见P9）。

纯花芽：新枝生长后，在这新枝上只着生花的芽（见P23）。

虫媒花：从雄蕊到雌蕊，花粉的移动主要是靠昆虫来完成。因为昆虫的活动还受气候等条件的影响，所以最好进行人工授粉（见P13）。

氮肥：植物生长发育不可缺少的元素之一，对枝叶生长的作用很大。

底肥：在采收后给消耗的树体补充养分所施的肥料。

短果枝：长度虽然没有明确的标准，不过通常指15cm以下的短枝。如梅、梨、苹果等在短果枝上结的果多，并且品质好，容易被利用（见P11）。

短截：剪截枝梢。

复合肥：是无机肥料的一种，在氮、磷、钾三元素中，含两种以上的肥料（见P27）。

隔年结果：产量大年和小年轮番重复，是坐果太多造成的，所以要疏果防止。

骨粉：把牛等动物的骨头蒸后，再粉碎成粉状制作成的肥料。

果梗、花梗：果、花与枝相连接的轴，也叫果柄。

花束状短果枝：芽密生的短果枝。樱桃和李子在花束状短果枝上因为能结出品质好果实又多的果，所以要积极利用。

花芽：在生长的枝上只着生花（果实）的芽，有纯花芽和混合花芽（见P22）。

花药：在雄蕊的尖端，制造花粉的器官。

混合花芽：新枝生长后，在这新枝上着生花和叶的芽（见P23）。

基肥：蔬菜和花草在栽植时施用的肥料。对于果树，主要是从冬天到初春生长发育开始前每年施用的肥料，也叫寒肥。

钾：是植物生长发育不可缺少的元素之一，对果实膨大的效果很好。

嫁接：把植物体的一部分（枝、芽等）和别的植物体相接合。

结果枝：坐果的枝，根据枝的长度分长果枝、中果枝、短果枝（见P11）。

结实：结果。

接穗：嫁接时，接合方的枝等部分。在栽植时要注意如果土埋住了嫁接的部分就会扎根，结实就会变差。

节：在叶的基部，芽的周边。

磷：植物生长发育不可缺少的元素之一，但是吸收的量比氮和钾都低。

落果：果实落下。

落叶果树：到冬天所有的叶片落掉的果树（见P9）。

品种：在同种果树当中，外观和口感等和别的能区分开的种类。如苹果的“富士”、日本梨的“幸水”等。

人工授粉：为了使之坐果，用人的手进行授粉（见P13）。

授粉：从雄蕊上出来的花粉，落到雌蕊上。

授粉树：为了授粉而栽植的其他品种。对于同品种花粉结果不好的果树，雌雄树不同的果树，需要在附近栽植授粉树。

疏果：在果实成长前把其疏掉。通过疏果，果实长得又大又甜，也可有效地防止隔年结果现象（见P14）。

疏蕾：把不需要的蕾疏掉，比疏果效果更好（见P12）。

土壤pH：表示土壤酸碱度的值。在0~14范围内，数字越低表示酸性越强，数字越高表示碱性越强。不同的果树适合不同的pH。可购买测定pH的成套工具，在栽植前测定土壤pH。要想提高土壤pH，可施用镁石灰，要想降低土壤pH，可用泥炭土和市售的酸度调整剂等。

徒长枝：向正上方生长的旺长枝。大多数需要从基部疏掉。

晚熟品种：采收时期晚的品种。

无机肥：以无机物为原料制成的肥料。复合肥就是代表。

修剪：即剪枝（见P18）。

亚主枝：从主枝上发出的。其构成仅次于主枝，形成骨干枝，比主枝细、比侧枝粗是理想的（见P11）。

叶果比：长成1个果实所需要的叶片数量。叶片数虽说不用严格地数，但要以其作为大体的指标。

叶芽：在生长的枝上只着生叶的芽（见P23）。

引缚：把枝固定在架子等支柱上。多用细绳拉拽固定。

油渣：用油菜籽和大豆粒榨出油后的渣子形成的肥料（见P27）。

有机肥料：以动植物产生的有机物为原料制成的肥料。油渣和骨粉就是其中的代表。

幼树：年幼的树。虽没有明确的标准，多指1～3年生的树。

摘心：把生长发育中的枝的顶端摘掉，可以控制枝不必要的生长，改善通风透光条件（见P17）。

早熟品种：收获时期早的品种。

砧木：在嫁接时，被接合方末端有根的部分。

整形修剪：栽植苗木后配置骨干枝使树形成一定的形状。

中果枝：长度虽然没有明确的标准，但是多指长度为10~20cm的枝，既不属于短果枝也不属于长果枝（见P11）。

中熟品种：收获时期介于早熟品种和晚熟品种之间的品种。

主干：在树的中心形成骨干的部分。也是指从树干基部到分叉点的部分（见P11）。

主枝：从主干上发出来的枝，可配置成1~4个枝并使之均衡生长（见P11）。

追肥：在基肥的肥效将近消耗完时而施的肥料。

与蔬菜、花草种植相比，果树种植似乎较难。但是，如果能够掌握果树的种植要点，无论是谁，都能享受到收获美味果实的快乐。

本书是对从事果树栽培几代人的研究成果和编者实际经验的总结，多以照片和示意图的方式展示，浅显易懂、实用性强。无论是种植果树的初学者，还是已具备一定种植经验的人，都可将本书作为必备的指南书。

如果能把种植果树的魅力和奥妙带给更多的人，这是编者的幸福。

图书在版编目（CIP）数据

图说果树整形修剪与栽培管理 /（日）三轮正幸著；赵长民，苑克俊，侯玮青译. — 北京：机械工业出版社，2017.1（2021.1重印）

ISBN 978-7-111-55670-1

Ⅰ.①图… Ⅱ.①三… ②赵… ③苑… ④侯… Ⅲ.①果树-修剪-图解 ②果树园艺-图解 Ⅳ.①S66-64

中国版本图书馆CIP数据核字（2016）第302656号

机械工业出版社（北京市百万庄大街22号　邮政编码100037）

策划编辑：高　伟　郎　峰　　责任编辑：高　伟　郎　峰

责任印制：孙　炜　　责任校对：潘　蕊

保定市中画美凯印刷有限公司印刷

2021年1月第1版·第5次印刷

182mm×257mm·12印张·293千字

标准书号：ISBN 978-7-111-55670-1

定价：59.80元

电话服务

客服电话：010-88361066

010-88379833

010-68326294

网络服务

机　工　官　网：www. cmpbook. com

机　工　官　博：weibo. com/cmp1952

金　　书　　网：www. golden-book. com

机工教育服务网：www. cmpedu. com